人工智能技术基础

主 编 姚金玲 阎 红

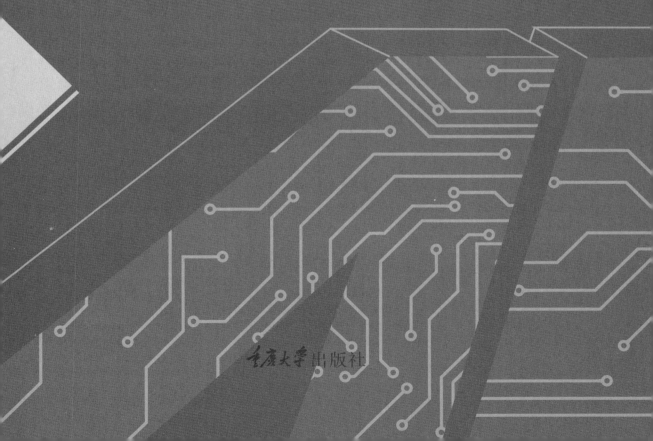

重庆大学出版社

内容提要

本书根据高等职业教育人才培养目标,从初学者的角度出发,深入浅出地讲解了人工智能的相关技术,并利用当前的 Python 3 进行应用实战。全书共分为 9 个模块:人工智能概述、Python 的安装、Python 语言基础、Python 序列、流程控制、函数、面向对象程序设计、文件和库的应用。本书采用最新标准,注重在理论知识、素质、能力、技能等方面对学生进行全面的培养;文字叙述精炼,通俗易懂,总结归纳提纲挈领;在讲解必要理论知识的同时,安排了若干操作题目,注重对学生实际应用能力的培养;模块末均配有习题,以便读者巩固所学知识。

本书可作为高等职业院校非计算机专业学生的计算机类公共课程,也可作为广大自学者的自学用书及工程技术人员的参考用书。

图书在版编目(CIP)数据

人工智能技术基础 / 姚金玲,阎红主编. --重庆：
重庆大学出版社,2021.5
(人工智能丛书)
ISBN 978-7-5689-2695-9

Ⅰ.①人… Ⅱ.①姚… ②阎… Ⅲ.①人工智能
Ⅳ.①TP18

中国版本图书馆 CIP 数据核字(2021)第 083071 号

人工智能技术基础
RENGONG ZHINENG JISHU JICHU

主 编 姚金玲 阎 红
责任编辑:范 琪 版式设计:范 琪
责任校对:刘志刚 责任印制:张 策

*

重庆大学出版社出版发行
出版人:饶帮华
社址:重庆市沙坪坝区大学城西路 21 号
邮编:401331
电话:(023)88617190 88617185(中小学)
传真:(023)88617186 88617166
网址:http://www.cqup.com.cn
邮箱:fxk@cqup.com.cn(营销中心)
全国新华书店经销
重庆俊蒲印务有限公司印刷

*

开本:787mm×1092mm 1/16 印张:15 字数:350 千
2021 年 5 月第 1 版 2021 年 5 月第 1 次印刷
印数:1—5 000
ISBN 978-7-5689-2695-9 定价:49.80 元

FOREWORD

前　言

随着社会经济的快速发展,人工智能已经给人类社会和生活带来了根本性的变化,作为新时代的高职学生都应具备人工智能的相关知识,并能够运用人工智能技术分析和解决专业问题,因而人工智能素养是新时代高职学生必须具备的基本素养。

本书是为高等职业院校开展全校人工智能通识教育,使学生了解和熟悉人工智能机器学习的一般流程和具体步骤,初步建立机器学习的基本概念和思维模式而编写的基础性教材。本书在讲解必要理论知识的同时,安排了若干操作题目,注重对学生实际应用能力的培养。

本书以 Python 3 版本为语言背景,通过大量例题使读者迅速掌握有关概念及编程技巧,理解程序设计中的计算思维,并为此贯彻程序设计的基本思想和方法,为将来的学习和工作打下理解需求、求解问题和程序实现的基础。

本书共分为 9 个模块,各模块的内容分别为:

人工智能概述、Python 的安装、Python 语言基础、Python 序列、流程控制、函数、面向对象程序设计、文件、库的应用。

本书内容特点主要有:

①编写遵从学生的认知规律,内容安排循序渐进,由浅入深,层次清晰,通俗易懂。

②使用 Python 编程语言完成简单的逻辑编码,使学生通过典型案例建立机器学习的思维模式。

③采用当前较新的 Python 3 版本,能够准确、及时地反映这门语言的最新成果和发展趋势。

本书由姚金玲、阎红任主编。参与本书编写的人员及具体分工:天津职业大学姚金玲(模块 1、3、5、6、7、9),天津职业大学阎红(模块 8),天津职业大学焦树海(模块 2),天津职业大学郑丽(模块 4)。国家电网天津市电力公司检修公司工程师潘旭完成了本书各章课后习题的编写工作,阎红和焦树海两位老师参与了全书的策划、审稿及资料整理工作。

由于近年来人工智能技术发展迅速,加之编者水平有限,书中难免存在一些疏漏之处,恳请同行和读者批评指正,以便修订和补充。

编　者
2021 年 2 月

目　录

模块 1 人工智能概述

随着算力的提升、数据的积累和新型人工智能算法的应用，以人工智能（Artificial Intelligence，AI）为主导的第四次工业革命悄然来临，人工智能技术广泛应用于各行各业，带来了巨大的商业价值。2017 年 7 月，国务院发布了《新一代人工智能发展规划》，将中国人工智能产业的发展推向了新高度。很多以前只在科幻小说中出现的场景，现在已经成为现实。

在人工智能的浪潮下，很多传统行业已经被颠覆，同时催生了万千新行业。未来十年，人工智能将是最大的产业机会之一。未来，我们的世界会变成什么样呢？让我们拭目以待。

1.1 人工智能追根溯源

在古代的各种诗歌和著作中，就有人不断幻想将无生命的物体变成有生命的人类。

①公元 8 年，罗马诗人奥维德完成了《变形记》，其中象牙雕刻的少女变成了活生生的少女。

②公元 200—500 年，《塔木德》中使用泥巴创造犹太人的守护神。

③1816 年，人工智能机器人的先驱玛丽·雪莱在《弗兰肯斯坦》中描述了人造人的故事。

人类一直致力于创造越来越精密、复杂的机器来节省体力，也发明了很多工具用于降低脑力劳动量，如算筹、算盘和计算器等，但它们的应用范围十分有限。随着第三次工业革命的到来，遵循摩尔定律，机器的算力实现了几何级数的增加，推动了 AI 应用的落地。

1.1.1 人工智能的由来

人工智能学科诞生于 20 世纪 50 年代中期，当时由于计算机的出现与发展，人们开始了具有真正意义的人工智能的研究。虽然计算机为 AI 提供了必要的技术基础，但直到 50 年代早期人们才注意到人类智能与机器之间的联系。诺伯特·维纳是最早研究反馈理论的美国人之一，最著名的反馈控制的例子是自动调温器，它将采集到的房间温度与希望的温度进行比较，并做出反应将加热器开大或关小，从而控制房间温度。这项反馈回路的研究重要性在于：诺伯特·维纳从理论上指出，所有的智能活动都是反馈机制的结果，而反馈机制是有可能用机器模拟的，这项发现对早期 AI 的发展影响很大。

1956 年，美国达特茅斯学院助教麦卡锡、哈佛大学明斯基、贝尔实验室香农、IBM 公司信息研究中心罗彻斯特、卡内基梅隆大学纽厄尔和赫伯特·西蒙、麻省理工学院塞夫里奇和索罗门夫，以及 IBM 公司塞缪尔和莫尔，在美国达特茅斯学院举行了为期两个月的学术讨论会,从不同学科的角度探讨了人类各种学习和其他智能特征的基础,以及用机器模拟人类智能等问题,并首次提出了人工智能的术语。从此,人工智能这门新兴的学科诞生了。这些人的研究专业包括数学、心理学、神经生理学、信息论和计算机科学,他们从不同的角度共同探讨了人工智能的可能性。对于他们的名字人们并不陌生,如香农是信息论的创始人,塞缪尔编写了第一个计算机跳棋程序,麦卡锡、明斯基、纽厄尔和西蒙都是图灵奖的获得者。

这次会议之后,美国很快形成了3个从事人工智能研究的中心,即以西蒙和纽厄尔为首的卡内基梅隆大学研究组,以麦卡锡、明斯基为首的麻省理工学院研究组,以塞缪尔为首的IBM公司研究组。

1.1.2 人工智能的基本概念

《牛津英语词典》将智能定义为"获取和应用知识与技能的能力"。按照该定义,人工智能就是人类创造的能够获取和应用知识与技能的程序、机器或设备。

美国斯坦福大学人工智能研究中心尼尔逊教授对人工智能下了这样一个定义:"人工智能是关于知识的学科——怎样表示知识及怎样获得知识并使用知识的科学。"

美国麻省理工学院温斯顿教授认为:"人工智能就是研究如何使计算机去做过去只有人才能做的智能工作。"

上述定义反映了人工智能学科的基本思想和基本内容。本书认为,人工智能是指在特定的约束条件下,针对思维、感知和行动的模型的一种算法或程序。

什么是模型?为什么需要建模?

(1)金字塔问题

最早的金字塔建造于4 600多年以前,坐落在撒哈拉沙漠的边缘,守护着一望无际的戈壁沙丘和肥沃的绿洲。

金字塔究竟有多高呢?由于年代久远,它的精确高度连埃及人也无法得知。金字塔又高又陡,况且又是法老们的陵墓,出于敬畏心理,没人敢登上去进行测量。所以,要精确地测出它的高度并不容易。如图1.1所示,大哲学家泰勒斯站在沙漠中苦思冥想一番,给出了他的解决方案,利用等腰直角三角形和相似三角形的基本原理,轻而易举地测出了金字塔的高度。

这个例子解释了"为什么模型化思维非常重要",模型提供了复杂世界的缩微的、抽象的版本。在这个缩微版本中,我们更容易阐述、发现一些规律。然后,通过理解这些规律,找到解决现实问题的途径。

当然,也正因为模型对现实世界的简化而丢失了一些信息,这也是利用模型解决现实问题经常要面对的麻烦。丘吉尔说过:"两个经济学家讨论一个问题,通常得出两种结论;如果其中一人为著名经济学家,结论必有三个以上。"因为他们用的模型不同。

为了让计算机能够处理模型,我们需要使用特定的表达方式来表示关于思维、感知和行动的模型,并且需要附上符合模型的约束条件。

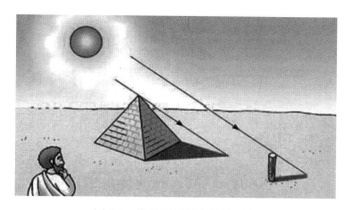

图 1.1　泰勒斯巧测金字塔高度

（2）农夫过河问题

一个农夫需要带一匹狼和两只羊过河,他的船每次只能带一只动物过河,人不在时狼会吃羊,怎样乘船才能把这些动物安全运过河呢?

我们使用如下方式表示问题状态空间：[农夫,狼,羊1,羊2],所有物体都有两种状态,分别为 0 和 1,0 表示未过河,1 表示已过河。

这样一来,问题转化为如何从[0,0,0,0]转变为[1,1,1,1],而其中的约束条件为狼在农夫不在的时候会吃掉羊,因此[0,1,1,1]、[0,1,1,0]、[0,1,0,1]、[1,0,0,1]、[1,0,0,0]和[1,0,1,0]这几种状态不能出现,否则狼会吃掉羊。

有了具体的表示方法和约束条件,我们在解决问题的时候就可以精确描述问题,由此可以得到答案：[0,0,0,0]→[1,1,0,0]→[0,1,0,0]→[1,1,1,0]→[0,0,1,0]→[1,0,1,1]→[0,0,1,1]→[1,1,1,1]。

1.1.3　人工智能的发展历程

人工智能的发展历程,如图 1.2 所示。

（1）人工智能的萌芽期（20 世纪 40—50 年代）

1950 年,著名的图灵测试诞生,按照"人工智能之父"艾伦·图灵的定义：如果一台机器能够与人类展开对话（通过电传设备）而不能被辨别出其机器身份,那么称这台机器具有智能。同一年,图灵还预言会创造出具有真正智能的机器的可能性。

1954 年,美国人乔治·德沃尔设计了世界上第一台可编程机器人。

（2）人工智能的启动期（20 世纪 50—70 年代）

①1956 年,人工智能诞生。

1956 年夏天,美国达特茅斯学院举行了历史上第一次人工智能研讨会,被认为是人工智能诞生的标志。会上,麦卡锡首次提出了"人工智能"这个概念,纽厄尔和西蒙则展示了编写的逻辑理论机器。

②1966—1972 年,首台人工智能机器人 Shakey 诞生。

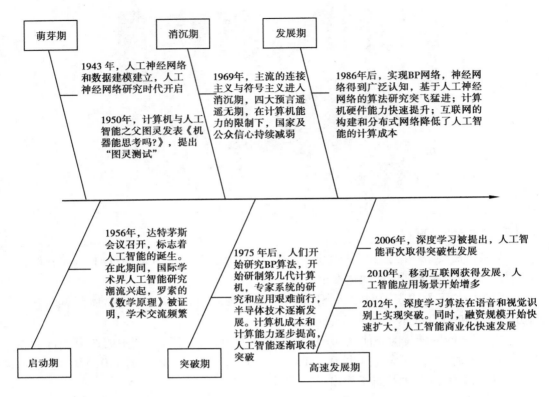

图 1.2　人工智能的发展历程

1966—1972 年,美国斯坦福国际研究所研制出首台人工智能机器人 Shakey,这是首台采用人工智能的移动机器人。

③1966 年,世界上第一个聊天机器人 ELIZA 发布。

美国麻省理工学院的魏泽鲍姆发布了世界上第一台聊天机器人 ELIZA。ELIZA 的智能之处在于它能通过脚本理解简单的自然语言,并能产生类似人类的互动。

④1968 年,计算机鼠标发明。

1968 年 12 月 9 日,美国加州斯坦福研究所的道格·恩格尔巴特发明了计算机鼠标,构想出了超文本链接概念,它在几十年后成为现代互联网的根基。

（3）人工智能的消沉期（20 世纪 70—80 年代）

20 世纪 70 年代初,人工智能遭遇了瓶颈。当时的计算机有限的内存和处理速度不足以解决任何实际的人工智能问题。要求程序对这个世界具有儿童水平的认知,研究者们很快发现这个要求太高了。1970 年没人能够做出如此巨大的数据库,也没人知道一个程序怎样才能学到如此丰富的信息。由于缺乏进展,对人工智能提供资助的机构（如英国政府、美国国防部高级研究计划局和美国国家科学研究委员会）对无方向的人工智能研究停止了资助。美国国家科学委员会在拨款 2 000 万美元后停止资助。

（4）人工智能的突破期（1980—1986 年）

①1981 年,日本研发人工智能计算机。

1981 年,日本经济产业省拨款 8.5 亿美元用于研发第五代计算机项目,在当时被称为人工智能计算机。随后,英国、美国纷纷响应,开始向信息技术领域的研究提供大量资金。

②1984 年,启动 Cyc(大百科全书)项目。

在美国人道格拉斯·莱纳特的带领下启动了 Cyc 项目,其目标是使人工智能的应用能以类似人类推理的方式工作。

③1986 年,3D 打印机问世。

美国发明家查克·赫尔制造出人类历史上首个 3D 打印机。

(5)人工智能的发展期和高速发展期(1987 年至今)

如图 1.3 所示,1997 年 5 月 11 日,IBM 公司的超级计算机"深蓝"战胜国际象棋世界冠军卡斯帕罗夫,成为首个在标准比赛时限内击败国际象棋世界冠军的电脑系统。

图 1.3　"深蓝"对战卡斯帕罗夫

2011 年,"沃森"作为 IBM 公司开发的使用自然语言回答问题的人工智能程序参加美国智力问答节目,打败两位人类冠军,赢得了 100 万美元的奖金。

2012 年,加拿大神经学家团队创造了一个具备简单认知能力,拥有 250 万个模拟"神经元"的虚拟大脑,命名为"Spaun",并通过了最基本的智商测试。

2013 年,Facebook 人工智能实验室成立,探索深度学习领域,借此为 Facebook 用户提供更加智能化的产品体验;Google 收购了语音和图像识别公司 DNNresearch,推广深度学习平台;百度创立了深度学习研究院等。

2015 年,Google 开源了利用大量数据直接就能训练计算机来完成任务的第二代机器学习平台 TensorFlow;剑桥大学建立人工智能研究所等。

2016 年 3 月 15 日,Google 人工智能 AlphaGo 与围棋世界冠军李世石的人机大战最后一场落下了帷幕,人机大战第五场经过长达 5 小时的搏杀,最终李世石与 AlphaGo 的总比分定格在 1∶4,以李世石认输结束。这一次的人机对弈让人工智能正式被世人所熟知,整个人工智能市场也像被引燃了导火线,开始了新一轮爆发。

1.2 人工智能发展现状

近期,人工智能的进展主要集中在专用人工智能的突破方面,如 AlphaGo 在围棋比赛中战胜人类冠军,AI 程序在大规模图像识别和人脸识别中达到了超越人类的水平,甚至可以协助诊断皮肤癌达到专业医生水平。

AlphaGo 开发团队创始人戴密斯·哈萨比斯提出,朝着"创造解决世界上一切问题的通用人工智能"这一目标前进。

1.2.1 专用人工智能的突破

因为特定领域的任务相对单一、需求明确、应用边界清晰、领域知识丰富,所以建模相对简单,人工智能在特定领域更容易取得突破,更容易超越人类的智能水平。如果人工智能具备某项能力代替人做某个具体岗位的重复的体力劳动或脑力劳动工作,就是专用人工智能。下面具体介绍专用人工智能的应用情况。

(1) AI+传媒

传媒领域存在大量跨文化、跨语言的交流和互动,应用人工智能语音识别、合成技术,能够根据声纹特征,将不同的声音识别成文字,同时能够根据特定人的声音特征,将文本转换成特定人的声音,并能在不同的语言之间进行实时翻译,将语音合成技术和视频技术相结合,形成虚拟主播,播报新闻。

1)语音实时转化为文字

2018 年初,科大讯飞推出了"讯飞听见"App,基于科大讯飞强大的语言识别技术、国际领先的翻译技术,为广大用户提供语音转文字、录音转文字、智能会议系统、人工文档翻译等服务。

2)讯飞翻译机

在 2017 年北京硅谷高创会上,志愿者使用讯飞翻译机更好地服务外国来宾,降低了志愿者的工作压力。工作人员细心周到的团队服务和翻译机精准流畅的即时翻译,受到了与会嘉宾的一致赞扬。讯飞翻译正式成为科大讯飞自有技术布局的重要赛道,除推出面向普通消费者的讯飞翻译机外,面向会务、媒体等多种场合的"讯飞听见"实时中英文转写服务也屡次被报道。

3)语音合成——纪录片《创新中国》重现经典声音

如图 1.4 所示,2018 年播出的大型纪录片《创新中国》,要求使用已故著名配音演员李易的声音进行旁白解说。科大讯飞利用李易生前配音资料,成功生成了《创新中国》的旁白语音,重现经典声音。在这部纪录片中,由 AI 全程担任"解说员"。制片人刘颖曾表示,就自身的体验而言,除部分词汇之间的衔接略有卡顿外,很难察觉是 AI 进行的配音。

4)语音+视频合成——AI 合成主播

如图 1.5 所示,AI 合成主播是 2018 年 11 月 7 日第五届世界互联网大会上,搜狗与新

图 1.4 纪录片《创新中国》

华社联合发布的全球首个全仿真智能 AI 主持人。通过语音合成、唇形合成、表情合成及深度学习等技术,生成具备真人主播一样播报能力的"AI 合成主播"。

图 1.5 "AI 合成主播"

"AI 合成主播"使用新华社中、英文主播的真人形象,配合搜狗"分身"的语音、合成等技术模拟真人播报画面。这种播报形式,突破了以往语音图像合成领域中,只能单纯创造虚拟形象,并配合语音输出唇部效果的约束,提高了观众信息获取的真实度。利用"搜狗分身"技术,"AI 合成主播"还能实时高效地输出音视频合成效果,使用者通过文字键入、语音输入、机器翻译等多种方式输入文本后,将获得实时的播报视频。这种操作方式将减少新闻媒体在后期制作的各项成本,让新闻视频的制作效率得以提高。同时,"AI 合成主播"拥有和真人主播同样的播报能力,还能 24 小时不间断播报。

（2）AI+安防

应用人工智能技术能够快速提取安防摄像头得到的结构化数据，与数据库进行对比，实现对目标的性状、属性及身份的识别。在人群密集的各种场所内，根据形成的热度图判断是否出现人群过密、混乱等异常情况并实时监控。智能安防能够对视频进行周界监测与异常行为分析，能够判断是否有行人及车辆在禁区内发生长时间徘徊、停留、逆行等行为，监测人员奔跑、打斗等异常行为。

1）天网工程

如图 1.6 所示，天网工程是指为满足城市治安防控和城市管理需要，利用 GIS 地图、图像采集、传输、控制、显示等设备和控制软件组成，对固定区域进行实时监控和信息记录的视频监控系统。天网工程通过在交通要道、治安卡口、公共聚集场所、宾馆、学校、医院以及治安复杂场所安装视频监控设备，利用视频专网、互联网、移动等网络通网闸把一定区域内所有视频监控点图像传播到监控中心（即"天网工程"管理平台），对刑事案件、治安案件、交通违章、城管违章等图像信息分类，为强化城市综合管理、预防打击犯罪和突发性治安灾害事故提供可靠的影像资料。

图 1.6　天网工程

由相关部委共同发起建设的信息化工程涉及众多领域，包含城市治安防控体系的建设、人口信息化建设等，由上述信息构成基础数据库数据，根据需要进行编译、整理、加工，供授权单位进行信息查询。

天网工程整体按照部级—省厅级—市县级平台架构部署实施，具有良好的拓展性与融合性。目前，许多城镇、农村以及企业都加入了天网工程，为维护社会治安、打击犯罪提供了有力的工具。

2）AI Guardman

日本电信巨头宣布已研发出一款名为"AI Guardman"的新型人工智能安全摄像头，这款摄像头可以通过对人类动作意图的理解，在盗窃行为发生前就能准确预测，从而帮助商店识别盗窃行为，发现潜在的商店扒手。

如图 1.7 所示,这套人工智能系统采用开源技术,能够实时对视频流进行扫描,并预测人们的姿势。当遇到监控中出现可疑行为时,系统会尝试将姿势数据与预定义的"可疑"行为匹配,一旦发现两者相匹配就会通过相关手机 App 来通知店主。据相关媒体报道,这款产品使商店减少了约四成的盗窃行为。

图 1.7　AI Guardman

（3）AI+医疗

随着人机交互、计算机视觉和认知计算等技术的逐渐成熟,人工智能在医疗领域的各项应用变成了可能。其中主要包括:语音识别医生诊断语录,并对信息进行结构化处理,得到可分类的病例信息;通过语音、图像识别技术及电子病历信息进行机器学习,为主治医师提供参考意见;通过图像预处理、抓取特征等进行影像诊断。

1）IBM Watson 系统

IBM Watson 系统能够快速筛选癌症患者记录,为医生提供可供选择的循征治疗方案。该系统能不断地从全世界的医疗文献中筛选信息,找到与病人所患癌症相关度最大的文献,并分析权威的相关病例,根据病人的症状和就医记录,选取可能有效的治疗方案。Watson 肿瘤解决方案是 Watson 系统提供的众多疾病解决方案之一。

利用不同的应用程序接口,该系统还能读取放射学数据和手写的笔记,识别特殊的图像(如通过某些特征识别出某位病人的手等),并具有语音识别功能。

如果出现了相互矛盾的数据,Watson 肿瘤解决方案还会提醒使用者。如果病人的肿瘤大小和实验室报告不一致,Watson 肿瘤解决方案就会考虑哪个数据出现的时间更近,提出相应的建议,并记录数据之间的不一致。如果诊断出现了错误,就医的成本就会更加高昂。

根据美国国家癌症研究所提供的数据,2016 年,美国约有 170 万新增癌症病例,其中约有 60 万人会因此死亡,约有 40% 的美国人会被诊断出患有癌症,这种疾病已经成为全世界的主要死亡原因之一。仅需约 15 分钟,Watson 肿瘤解决方案便能完成一份深度分析报告,而这在过去需要几个月时间才能完成。针对每项医疗建议,该系统都会给出相应的证据,以便让医生和病人进行探讨。

2）Google 眼疾检测设备

近日,Google 旗下人工智能公司 DeepMind 发布了一项研究,展示了人工智能在诊断眼部疾病方面取得的进展。

该研究称,DeepMind 与伦敦 Moorfields 眼科医院合作,已经训练其算法能够检测出超过 50 种威胁视力的病症,其准确度与专家临床医生相同。它还能够为患者推荐最合适的方案,并优先考虑那些最迫切需要护理的人。

DeepMind 使用数以千计的病例与完全匿名的眼部扫描训练其机器学习算法,以识别可能导致视力丧失的疾病,最终该系统达到了 94% 的识别准确率。通过眼部扫描诊断眼部疾病对于医生而言是复杂且耗时的。此外,全球人口老龄化意味着眼病正变得越来越普遍,增加了医疗系统的负担。这为 AI 的加入提供了机遇。如图 1.8 所示,DeepMind 的 AI 已经使用一种特殊类型的眼睛扫描仪进行了训练,研究人员称它与任何型号的仪器都兼容。这意味着它可以广泛使用,而且没有硬件限制。

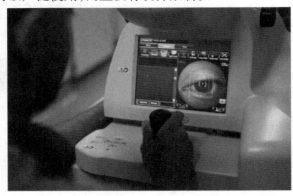

图 1.8　眼疾检测设备

3)我国人工智能医疗

我国人工智能医疗发展虽然起步稍晚,但是热度不减。数据显示,2017 年中国人工智能医疗市场规模超过 130 亿元人民币,并有望在 2018 年达到 200 亿元人民币。

目前,我国人工智能医疗企业聚焦的应用场景集中在以下几个领域。

①基于声音、对话模式的人工智能虚拟助理。2018 年 6 月 21 日,腾讯公司开放旗下首款人工智能医疗产品"腾讯觅影"辅诊平台,该辅诊引擎能辅助医生诊断、预测 700 多种疾病。例如,广州市妇女儿童医疗中心主导开发的人工智能平台可实现精确导诊、辅助医生诊断。

②基于计算机视觉技术对医疗影像进行快速读片和智能诊断。据腾讯人工智能实验室专家姚建华介绍,目前人工智能技术与医疗影像诊断的结合场景包括肺癌检查、糖网眼底检查、食管癌检查,以及部分疾病的核医学检查、核病理检查等。中山大学中山眼科中心开发的糖尿病眼病快速诊断系统,能通过阅读影像资料快速出具人工智能诊断报告。

③基于海量医学文献和临床试验信息的药物研发。目前,我国制药企业也纷纷布局人工智能领域,人工智能可以从海量医学文献和临床试验信息等数据中寻找到可用的信息并提取生物学知识进行生物化学预测。据预测,该方法有望将药物研发时间和成本各缩短约 50%。

（4）AI+教育

随着人工智能的逐步成熟,个性化的教育服务将会迈上新的台阶,"因材施教"这一问题也最终会得到解决,可以极大地弥补优质教资源不足的问题。在自适应系统中,可以有一个学生身份的 AI,有一个教师身份的 AI,通过不断演练教学过程来强化 AI 的学习能力,为用户提供更智能的教学方案。此外,可以利用人工智能自动进行机器阅卷,解决主观题的公平公正性,它能够自动判断每个批次的考卷的难易程度。

模块1 人工智能概述

1）纸笔考试主观题智能阅卷技术

传统的测评需要占用大量人力、物力资源，且费时费力，而借助人工智能技术，越来越多的测评工作可以交给智能测评系统来完成。如图 1.9 所示，作文批阅系统主要应用于语文等学科的测评，不仅能自动生成评分，还能提供有针对性的反馈诊断报告，指导学生如何修改，一定程度上解决了教师因作文批改数量大而导致的批改不精细、反馈不具体等问题。

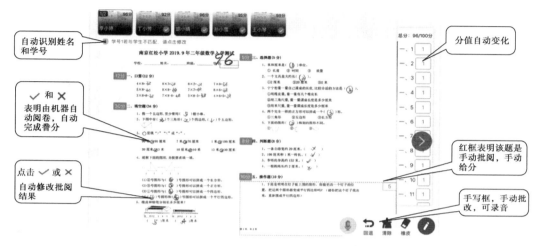

图 1.9　作文批阅系统

2）课堂教学智能反馈系统

如图 1.10 所示，利用课堂注意力监控系统，可以分析学生的课堂专注度和学习状态。在教室正前方布设摄像头采集视频，通过前置计算设备或服务器集成的专注度分析模型进行检测与识别，并在课后生成教学报告，自动分析学生的专注度，实时将专注度及各种行为统计结果反馈给学校管理系统，从而实现教学与管理联动。

（5）AI+自动驾驶

在 L3 及以上级别的自动驾驶过程中，车辆必须能够自动识别周围的环境，并对交通态势进行判断，进而对下一步的行驶路径进行规划。除本车传感器收集到的数据，还会有来自云端的实时信息、与其他车辆或路边设备交换得到的数据，实时数据越多，处理器需要处理的信息越多，对于实时性的要求也就越高。通过深度学习技术，系统可以对大量未处理的数据进行整理与分析，实现算法水平的提升。深度学习与人工智能技术已经成为帮助汽车实现自动驾驶的重要技术路径。

1）特斯拉已能实现 L5 级别的自动驾驶

特斯拉创始人埃隆·马斯克日前宣布，未来所有特斯拉新车将装配具有全自动驾驶功能的硬件系统 Autopilot 2.0。据特斯拉官网显示，Autopilot 2.0 适用于所有特斯拉车型，包括最新的 Model S，配备这种新硬件的 Model S 和 Model X 已投入生产。

Autopilot 2.0 系统还不能立即投入使用，因为还需要通过在真实世界行驶数百万英里的距离来校准。

· 11 ·

7分24秒:坐姿不端　　11分36秒:举手　　13分39秒:站立　　31分,哈欠

图 1.10　课堂注意力监控系统

据悉,Autopilot 2.0 系统将包含 8 个摄像头,可覆盖 360°可视范围,对周围环境的监控距离最远可达 250 m。车辆配备的 12 个超声波传感器完善了视觉系统,探测和传感软硬物体的距离则是上一代系统的两倍。全新的增强版前置雷达可以通过冗余波长提供周围更丰富的数据,雷达波还可以穿越大雨、雾、灰尘,对前方车辆进行检测。

马斯克表示,Autopilot 2.0 将完全有能力支持 L5 级别的自动驾驶,这意味着汽车完全可以"自己开车"(图 1.11)。

图 1.11　特斯拉自动驾驶

2)中国无人驾驶公交车

中国无人驾驶公交车——阿尔法巴已开始在广东深圳科技园区的道路上行驶。该车目前正在试行,在长约 1.2 km 的公路上行驶 3 站,运行速度为 25 km/h,最高速度可达 40 km/h。40 min 即可充满电,单次续航里程可达 150 km,可以监测到 100 m 之内的路况。

(6)AI+机器人

"机器人"(robot)一词最早出现在 1920 年捷克科幻作家恰佩克的《罗索姆的万能机

器人》中,原文写作"robota",后来成为英文"robot"。更科学的定义是 1967 年由日本科学家森政弘与合田周平提出:"机器人是一种具有移动性、个体性、智能性、通用性、半机械半人性、自动性、奴隶性 7 个特征的柔性机器。"

国际机器人联合会将机器人分为两类:工业机器人和服务机器人。工业机器人是一种应用于工业自动化的,含有 3 个及以上的可编程轴、自动控制、可编程、多功能执行机构,它可以是固定式的或移动式的。服务机器人则是一种半自主或全自主工作的机器人,它能完成有益于人类健康的服务工作,但不包括从事生产的设备。由定义可见,工业机器人和服务机器人分类的标准是机器人的应用场合。

1) Atlas 机器人

Google 收购了波士顿动力公司,这家代表机器人领域"最高水平"的公司在 YouTube 上发布了新一代 Atlas 机器人的视频,彻底颠覆了以往机器人重心不稳、笨重迟钝的形象。

如图 1.12 所示,新版 Atlas 是机器人发展史上一次质的飞跃,它不仅能在坎坷不平的地面上自如行走,还能完成开门、拾物、蹲下等拟人的动作,而且被挑衅时还可以自我调整,被推倒还可以自己爬起来。

图 1.12　Atlas 机器人

2) 亚马逊仓库里的机器人

2012 年,亚马逊以 7.75 亿美元的价格收购了 Kiva System 公司,后者以做仓储机器人闻名。Kiva System 公司更名为 Amazon Robotics。

2014 年,亚马逊开始在仓库中全面应用 Kiva 机器人,以提高物流处理速度。Kiva 机器人和我们印象中的机器人不太一样,它就像一个放大版的冰壶,顶部有可顶起货架的托盘,底部靠轮子运动。如图 1.13 所示,Kiva 机器人依靠电力驱动,可以托起最多重 3 000 磅(约 1.3 t)的货架,并根据近程指令在仓库内自主运动,把目标货架从仓库移动到工人处理区,由工人从货架上拿下包裹,完成最后的拣选、二次分拣、打包复核等工作。之后,Kiva 机器人会把空货架移回原位。电池电量过低时,Kiva 还会自动回到充电位给自己充电。Kiva 机器人也被用于各大转运中心。目前,亚马逊的仓库中有超过 10 万台 Kiva 机器人,它们就像一群勤劳的工蚁,在仓库中不停地走来走去,搬运货物。如何让"工蚁"们不在搬运货架的过程中相撞,是 Amazon Robotics 的核心技术之一。在过去很长一段时间内,它几乎是唯一能把复杂的硬件和软件集成到一个精巧的机器人中的公司。

图 1.13　Kiva 机器人

（7）AI+电子支付

用户的身份识别是支付起点，随着人工智能的发展，已开始出现用生物识别替代通用的介质安全认证+密码认证方式的趋势。生物识别包括指纹识别、人脸识别、视网膜识别、虹膜识别、指静脉识别、掌纹识别等，它们可以让人在借助更少物体甚至无附属物体的情况下完成身份识别，实现"人即载体"，达到无感识别。

2015 年，马云提出未来将实现刷脸支付。马云现场演示了刷脸支付，马云的笑脸被定格在汉诺威电子展的大屏上，几秒钟后，屏幕显示支付成功。

2017 年 9 月 1 日，支付宝刷脸支付试点肯德基，实现了真正的商用。在杭州万象城肯德基餐厅，用户在自助点餐机上选好餐，进入支付页面，选择"支付宝刷脸支付"，然后进行人脸识别，只需几秒即可识别成功，再输入与账号绑定的手机号，确认之后就可完成支付，整个过程不足 10 s。

1.2.2　通用人工智能起步阶段

通用人工智能（Artificial General Intelligence，AGI）是一种未来的计算机程序，可以执行相当于人类甚至超越人类智力水平的任务。AGI 不仅能够完成独立任务，如识别照片或翻译语言，还会加法、减法、下棋和讲法语，还可以理解物理论文、撰写小说、设计投资策略，并与陌生人进行愉快的交谈，其应用并不局限在某个特定领域。

通用人工智能与强人工智能的区别如下：

①通用人工智能强调的是拥有像人一样的能力，可以通过学习胜任人的任何工作，但不要求它有自我意识；

②强人工智能不仅要具备人类的某些能力，还要有自我意识，可以独立思考并解决问题，这来源于美国哲学家约翰·希尔勒在提出"中文房间实验"时设定的人工智能级别。如图 1.14 所示，将一位只说英语的人（带着一本中文字典）放到一个封闭的房间里进行实验。写有中文问题的纸片被送入房间，房间中的人可以使用中文字典来翻译这些文字并用中文回复。虽然他完全不懂中文，但是房间里的人可以让任何房间外的人误以为他会

说流利的中文。

图 1.14 "中文房间实验"

约翰·希尔勒想要表达的观点是,人工智能永远不可能像人类那样拥有自我意识,所以人类的研究根本无法达到强人工智能的目标。即使是能够满足人类各种需求的通用人工智能,与自我意识觉醒的强人工智能之间也不存在递进关系。因此,人工智能可以无限接近却无法超越人类智能。

现在世界上有很多机构正朝 AGI 的方向迈进。谷歌 DeepMind 和谷歌研究院正在研究如何通过使用 PathNet(一种训练大型通用神经网络的方案)和 Evolulionary Architecture Search AutoML(一种为图像分类寻找良好神经网络结构的方法)实现 AGI。微软研究院重组为 MSR AI,专注于"智能的基本原理"和"更通用、灵活的人工智能"。特斯拉的创始人埃隆·马斯克参与创立并参与领导的 OpenAI 的使命是"建立安全的 AGI,并确保 AGI 的好处尽可能广泛而均匀地分布"。

1.3 人工智能云应用场景

1.3.1 什么是人工智能云服务

人工智能云服务,一般也被称为 AIaaS(AI as a Service,AI 即服务)。这是目前主流的人工智能平台的服务方式。具体来说,AIaaS 平台会把几类常见的 AI 服务进行拆分,并在云端提供独立或打包的服务。这种服务模式类似于开了一个 AI 主题商城:所有的开发者都可以通过 API 使用平台提供的一种或多种人工智能服务,部分资深的开发者还可以使用平台提供的 AI 框架和 AI 基础设施来部署与运维自己专属的机器人。

国内典型的例子有腾讯云、阿里云和百度云。以腾讯云为例,目前该平台提供 25 种不同类型的人工智能服务,其中有 8 种偏重场景的应用服务,15 种侧重平台的服务,2 种能够支持多种算法的机器学习和深度学习框架。

1.3.2 为什么人工智能需要迁移到云端

传统的 AI 服务有两大不可忽视的弊端:第一,经济价值低;第二,部署和运行成本高昂。第一个弊端主要受制于以前落后的 AI 技术——深度学习技术等未成熟,AI 所能做

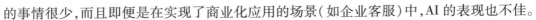

的事情很少,而且即便是在实现了商业化应用的场景(如企业客服)中,AI 的表现也不佳。

人工智能云服务可解决第二个弊端——部署和运行成本高昂。按照业界的主流观点,AI 迁移到云平台是大势所趋,因为未来的 AI 系统必须能够同时处理千亿量级的数据,同时要在上面做自然语言处理或运行机器学习模型。这一过程需要大量的存储资源和算力,完全不是一般的计算机或手机等设备能够承载的。因此,最好的解决方案就是把它们放在云端,在云端进行统一处理,也就是所谓的人工智能云服务。

用户在使用这些人工智能云产品时,不再需要花费很多精力和成本在软硬件上面,只需要从平台上按需购买服务并简单接入自己的产品。如果说以前的 AI 产品部署像是为了喝水而挖一口井,那么现在就像是企业直接从自来水公司接了一根自来水管,想用水的时候打开水龙头即可。最后,在收费方面也不再是一次性买断,而是根据实际使用量(调用次数)来收费。使用人工智能云产品的另一个优点是,其训练和升级维护也由服务商统一负责管理,不再需要企业聘请专业技术人员驻场,这也为企业节省了一大笔开支。

1.3.3　人工智能云服务的类型

根据部署方式的不同,人工智能云服务分为 3 种不同类型:公有云、私有云、混合云。

(1)公有云

公有云服务是指将服务全部存放于公有云服务器上,用户无须购买软件和硬件设备,可直接调用云端服务。这种部署方式成本低廉、使用方便,是最受中小企业欢迎的一种人工智能云服务类型。但需要注意的是,用户数据全部存放在公有云服务器上,存在泄露风险。

(2)私有云

私有云服务是指服务器独立供指定客户使用,主要目的在于确保数据安全性,增强企业对系统的管理能力。但是,私有云搭建方案初期投入较高,部署需要的时间较长,而且后期需要有专人进行维护。一般来说,私有云不太适合预算不充足的小企业选用。

(3)混合云

混合云服务的主要特点是帮助用户实现数据的本地化,确保用户的数据安全,同时将不敏感的环节放在公有云服务器上处理。这种方案比较适合无力搭建私有云,但又注重自身数据安全的企业使用。

1.3.4　体验人工智能云应用

随着智能手机的普及,手机上已经集成了各种各样有趣的人工智能云应用,下面具体介绍其中几款。

(1)微信公众号"微软小冰"

如图 1.15 所示,微信公众号"微软小冰"是一款跨平台人工智能机器人,用户可以使用语音和文字与"微软小冰"对话,能够咨询"微软小冰"一些相关问题。在网易云音乐中,"小冰"除了是歌手,还是电台主持人,用户可以进入"小冰"电台,收听"小冰"主持的节目内容,值得一提的是,在"小冰"电台页面,用户可以与"小冰"语音聊天。"小冰"可以通过用户实时交流,来调整音乐播放的内容,如图1.16所示。

图 1.15　微信公众号"微软小冰"

图 1.16　"微软小冰"功能展示

（2）微信小程序"形色识花"

如图1.17所示,"形色识花"是一款微信小程序,可以对花朵拍照,自动识别该花的名称,并给出与该花相关的诗句、习性及相应的介绍。

（3）微信小程序"多媒体 AI 平台"

如图1.18所示,"多媒体 AI 平台"是腾讯公司提供的专门用于体验多媒体人工智能云功能的微信小程序,里面集成了计算机视觉、自然语言处理和无障碍 AI 三大功能。它能够让用户体验多媒体人工智能云的功能,同时给出了返回数据的格式,方便用户将相应

图 1.17　微信小程序"形色识花"

图 1.18　微信小程序"多媒体 AI 平台"

的人工智能云技术融合到自主产品中。

（4）微信小程序"百度 AI 体验中心"

"百度 AI 体验中心"是百度公司提供的专门用于体验百度 AI 各种处理功能的微信小程序，包括图像技术、人脸与人体识别、语音技术、知识与语义四大功能，基本上涵盖了现有专用人工智能技术突破的方方面面。百度公司通过小程序功能的试用，吸引更多开发者将相关技术融合到实际应用中，如图 1.19 所示。

图 1.19　微信小程序"百度 AI 体验中心"

1.4　人工智能未来发展趋势

纵观 AI 的发展史，可以发现其发展过程也是潮起潮落。近年来，一些重大的技术进展和突破让 AI 风靡全球，这是否又是一次潮起？潮落是否又将来临？不管未来如何，不可否认，AI 对各行各业的影响是巨大的。专用人工智能在教育、自驾、电商、安保、金融、医疗、个人助理等领域不断取得突破，涉及人类生活的方方面面。

剑桥大学的研究者预测，未来十年，人类大概 50% 的工作都会被人工智能取代。
被取代可能性较小的工作特征如下：

- 需要从业者具备较强的社交能力、协商能力及人际沟通能力；
- 需要从业者具备较强的同情心，以及对他人提供真心实意的扶助和关切；
- 创意性较强。

被取代可能性较大的工作特征如下：

- 不需要天赋，经由训练即可掌握的技能；
- 简单、重复性劳动；

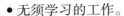

● 无须学习的工作。

BBC 基于剑桥大学研究者 Michael Osborne 和 Carl Frey 的数据体系分析了未来 365 种职业在英国的被淘汰概率,表 1.1 列举了部分职业的被淘汰概率。

表 1.1　部分职业的被淘汰概率

序号	职业	被淘汰概率/%	序号	职业	被淘汰概率/%
1	电话推销员	99	18	演员和艺人	37.4
2	打字员	98.5	19	化妆师	36.9
3	会计	97.6	20	写手和翻译	32.7
4	保险业务员	97	21	理发师	32.7
5	银行职员	96.8	22	运动员	28.3
6	政府职员	96.8	23	警察	22.4
7	接线员	96.5	24	程序员	8.5
8	前台	95.6	25	健身教练	7.5
9	客服	91	26	科学家	6.2
10	人事	89.7	27	音乐家	4.5
11	保安	89.3	28	艺术家	3.8
12	房地产经纪人	86	29	牙医和理疗师	2.1
13	保洁员、司机	80	30	建筑师	1.8
14	厨师	73.4	31	公关	1.4
15	IT 工程师	58.3	32	心理医生	0.7
16	图书管理员	51.9	33	教师	0.4
17	摄影师	50.3	34	酒店管理者	0.4

在即将到来的 AI 全新时代,如何让自己变得更具有竞争力,在 AI 视野下定位自己的发展方向并进行合理的职业规划,变得尤为关键。

模块 2　Python 的安装

毋庸置疑,20 世纪 40 年代问世的电子计算机是人类最伟大的科学技术成就之一,它的诞生不但极大地推动了科学技术的发展,而且深刻地影响了人们的思维和行为。随着相关领域科学技术的迅猛发展,计算机学科涉及的领域和值得探索的方向(如人工智能等)也越来越广泛,虽然说计算机无处不在、无处不用有点儿夸张,但大到社会的方方面面、小到个人的点点滴滴,在数字化的今天,学会使用计算机很有益处。

那么,应如何学会使用计算机呢? 通过编程吗? 美国前总统奥巴马发起了"编程一小时"的活动,旨在让全美小学生开始学习编程。在英国,政府将编程知识引入学校课本,并设为必修课,目的是让学生掌握必要的计算机思维和创造性。在以色列,早在 20 世纪 90 年代中期,编程就成为高中的必修课。而在日本,政府计划 2020 年以后中小学都必须开设编程课程。编程连小学生都可以学,是因为它很容易学会吗? 其实不是,编程不简单,甚至有点儿难,但是很必要! 为什么呢?

因为,编程就是运用计算机解决问题的过程,学习编程是了解计算机的最好途径,以便更好地学习计算机分析和解决问题的基本过程与思路。有人说,最好的关系其实就两个字——懂得。编程就是让你懂计算机,让计算机懂你。

（1）关于 Python

Python 编程的指导思想是,对于一个特定的问题,用一种方法,而且最好是只有一种方法来做一件事。

Python 是著名的荷兰人 Guido van Rossum 在 1989 年圣诞节期间,为了打发无聊的时间而编写的一个编程语言,第一个公开发行版发行于 1991 年。在 IEEE 发布的 2017 年编程语言排行榜中,Python 高居首位,C 语言和 Java 分列第二位和第三位。Python 语言近来在人工智能、机器学习、数据分析等领域的突出表现让其火爆异常。

本书之所以选择 Python,是因为它有以下几个显著的特点。

①易读易写。

Python 的设计原则是优雅、明确、简单,其设计目标之一是让代码具备高度的可阅读性,所以,Python 程序看上去总是简单易懂,一目了然。Python 的这种伪代码本质是它最大的优点之一,它使用户能够专注于解决问题而不是去搞明白语言本身。

除便于读懂外,Python 还易于编写,它虽然是用 C 语言写的,但是它摒弃了其中非常复杂的指针,简化了语法。比如,完成同一个任务,C 语言可能要写 500 行代码,Java 也许只需要写不到 100 行,而 Python 很可能只要十几行。

②现找现用。

Python 提供了非常完善的基础代码库,涵盖了网络、文件、GUI(图形用户界面)、数据库、文本等大量内容,被形象地称为"内置电池"。而除内置的库外,Python 还有大量丰富的第三方库,也就是别人开发的、可供直接使用的代码。用 Python 进行程序开发,许多功能都不必自己从零开始编写,找到现成的库,在此基础上有效地加以利用即可。

PyPI(Python Package Index)是 Python 官方的第三方库的仓库,其中包含的第三方库多达 17 万个(图 2.1),可以协助解决各种各样的问题,如文档生成、数据库、网页浏览器、密码系统、GUI 等。

图 2.1　Python 官方的第三方库的仓库

③开源、开放。

开源、开放是 Python 语言最重要的特点。Python 解释器——开源,Python 库——开源,程序生态环境——开放。Python 是 FLOSS(自由/开放源代码软件)之一,可以自由地发布这个软件的副本,阅读或改动它的源代码,或者将源代码的一部分用于新的自由软件中。

Python 拥有庞大的计算生态,从游戏制作到数据处理、从数据可视化分析到人工智能等。它具有极为丰富和强大的库,除标准库外,还有第三方库可供使用。许多大型网站就是用 Python 开发的,如 YouTube、Instagram、Yahoo、豆瓣、知乎、拉勾网等。而随着现在运维自动化、云计算、虚拟化、机器智能等技术的快速发展,Python 也越来越受重视。很多大公司,包括 Google、Yahoo、BAT、京东、网易等,甚至 NASA(美国国家航空航天局)都大量地使用 Python。

④不向下兼容的 Python 3.x。

Python 语言的版本更迭过程痛苦且漫长,伴随着大量库函数的升级替换,目前,Python 3.x 系列已经成为主流。但是,为了减少不必要的负担,Python 3.x 在设计时就没有考虑向下兼容,所以,Python 3 和 Python 2 是不兼容的,而且差异比较大;更为关键的是,Python 核心团队在 2020 年停止支持 Python 2。因此,到底学习哪个版本呢?对于当下的 Python 初学者,答案非常明确——Python 3.x 是必然的选择。

对于初学者完成普通任务,进而解决各自领域的各种问题,Python 语言是非常简单易用的。

（2）安装和配置开发环境

①下载 Python 安装文件。

在 https://www.python.org/downloads/windows/python-3.7.0-amd64.exe 网站获取对应的 Python 安装文件,如图 2.2 所示。

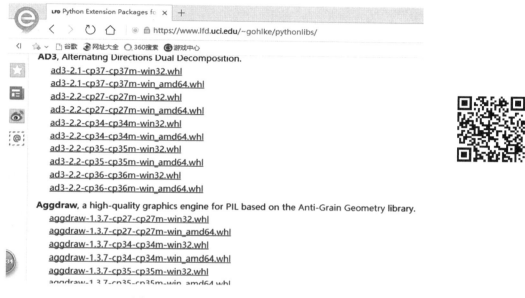

图 2.2　Python 官方的下载地址

②在 Windows 平台安装 Python。

a.要求选择 Windows 7 以上 64 位操作系统版本,在浏览器浏览 Python 官网网址,在下载列表中选择 Windows 平台 64 位安装包(Python-XYZ. msi 文件,XYZ 为版本号)。

b.双击下载包(例如 Python-3.x.x.exe),进入 Python 安装向导,如图 2.3 所示。

勾选下面 2 个选项(其中"Add Python 3.7 to PATH"选项表示把 Python 安装目录加入 Windows 环境变量 Path 路径中),选择"Install Now",在其下方,系统显示默认的安装目录。单击"Install Now",系统进入 Python 安装,如图 2.4 所示。安装成功显示如图 2.5 所示。

此时 Windows 开始菜单栏就会包含 Python 3.7 的主菜单,如图 2.6 所示。

c.设置环境变量。

如果在安装 Python(图 2.4)时没有将 Python 安装目录加入 Windows 环境变量 Path 中,即未勾选"Add Python 3.7 to PATH"选项,则需要在下列命令提示框中(运行 cmd)添加 Python 目录到 Path 环境变量中:

path %path%; <python 安装目录>

图 2.3　Python 安装向导 1

图 2.4　Python 安装向导 2

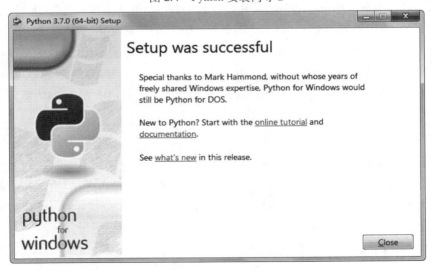

图 2.5　Python 安装成功

图 2.6　Python 包含在开始菜单栏

或者"我的电脑"→"属性"→Python 安装目录"高级"选项卡,选择"环境变量",单击"Path"系统环境变量,选择"编辑"。将 Python 安装目录加入 Path 环境变量中,如图 2.7所示。

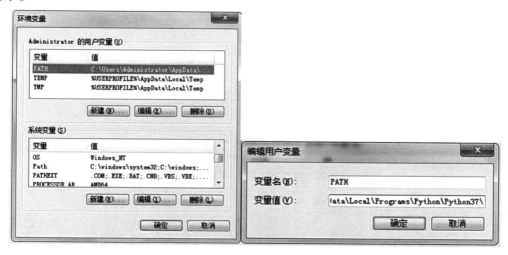

图 2.7　设置环境变量

③PyCharm 的安装和使用。

PyCharm 是一种 Python IDE（集成开发环境）,带有一整套可以帮助用户提高 Python程序开发效率的工具,如调试、语法高亮、Project 管理、代码跳转、智能提示、自动完成、单元测试、版本控制等,这对初学者来说极为方便,对 Python 的学习很有益处。

PyCharm 是目前比较流行的 Python 程序开发环境。IDLE 是 Python 系统自带的开发环境，一般用于直接执行命令，但就程序开发方便程度而言，大家比较推崇 PyCharm。

下面是以在 Windows 7 下安装社区版为例简单说明安装过程。在 http://www.jetbrains.com/pycharm/pycharm-community-2018.1.4.exe 网站载 PyCharm Community 社区版。

双击"pycharm-community-2018.1.4.exe"运行安装 PyCharm Community Edition。系统显示见图 2.8。

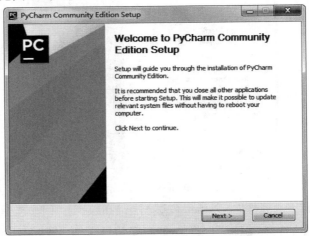

图 2.8　安装 PyCharm Community Edition 的欢迎界面

进入安装欢迎界面，单击"Next"按钮，系统界面见图 2.9。

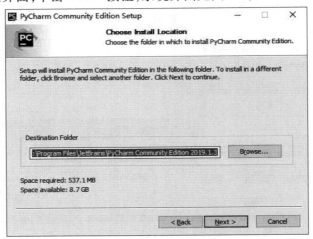

图 2.9　设置软件的安装路径

选择"Next"，进入安装选项界面，如图 2.10 所示。

安装菜单文件夹界面，可以输入新的程序组文件夹名，设置完成后单击"Next"按钮，如图 2.11 所示。

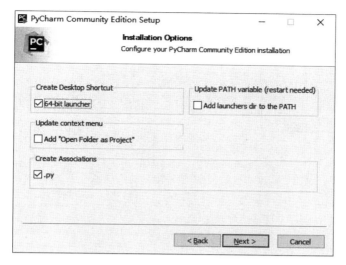

图 2.10 安装选项界面

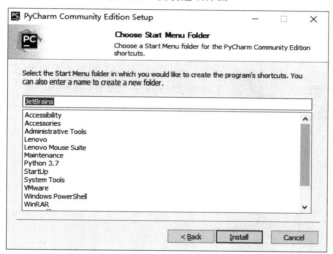

图 2.11 安装菜单文件夹界面

进入安装进程界面,如图 2.12 所示。完成后单击"Next"按钮。

显示 PyCharm 安装完成并可运行,如图 2.13 所示。单击"Finish"按钮则完成安装过程,如果选中"Run PyCharm Community Edition"复选框,则会首次运行 PyCharm。

④在 PyCharm 程序设计环境中新建 py 文件。

新建 py 文件是指把 Python 程序的源代码编写在扩展名为 py 的文件中并保存,在此基础上根据要求完成进一步的编辑、运行、调试等工作。py 就是最基本的 Python 源代码扩展名,其文件名是英文字母、数字、下画线的组合（如 exp1_1_1.py）。

本书采用的集成开发环境是 PyCharm,因而可以在 PyCharm 中新建 py 文件,主要步骤如下。

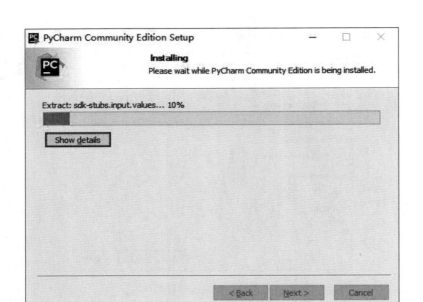

图 2.12　安装进程界面

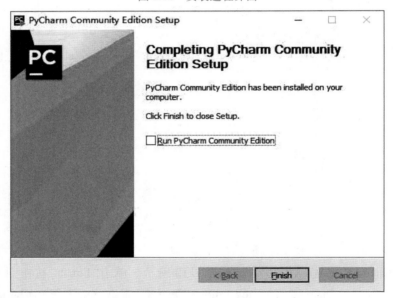

图 2.13　PyCharm 安装完成界面

启动"PyCharm",单击"Open",打开已有文件夹,或者单击"Create New Project",创建一个新工程,如图 2.14 所示。

选择"Create New Project",系统显示见图 2.15。

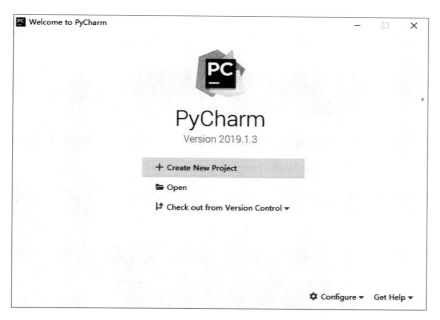

图 2.14 PyCharm 程序设计环境进入界面

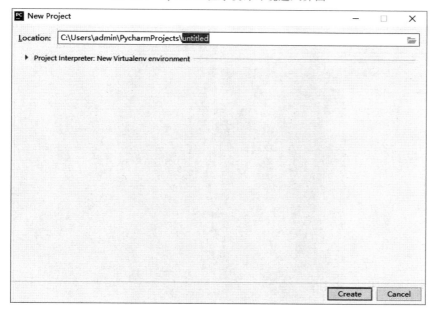

图 2.15 输入新建工程的文件路径

这里指定当前创建的工程存放目录。不同的工程存放不同目录,用户根据自己情况选择。例如,修改当前创建工程的目录为"C：\Users\admin\PycharmProjects\untitled",单击"Create"。系统进入 PyCharm 欢迎页面,如图 2.16 所示。

系统显示 PyCharm 欢迎页面,选择"Close",系统进入 PyCharm 的当前创建的工程的开发环境,如图 2.17 所示。

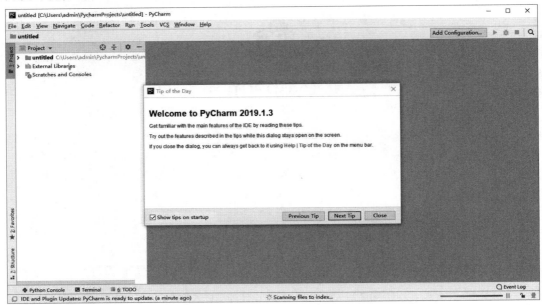

图 2.16　PyCharm 欢迎页面

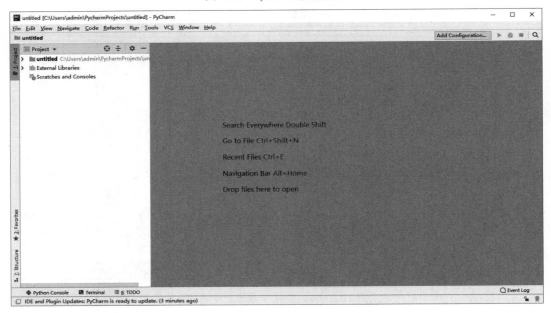

图 2.17　PyCharm 的当前创建的工程的开发环境

在 PyCharm 中,右击左侧"Project"窗口中的工程名(如 chap2),在弹出的快捷菜单中选择"New"→"Python File"命令,如图 2.18 所示。

在打开的"New Python file"对话框中,输入 py 文件名(如 exp1-1-1),如图 2.19 所示,选择"Python file"命令,单击"OK"按钮。

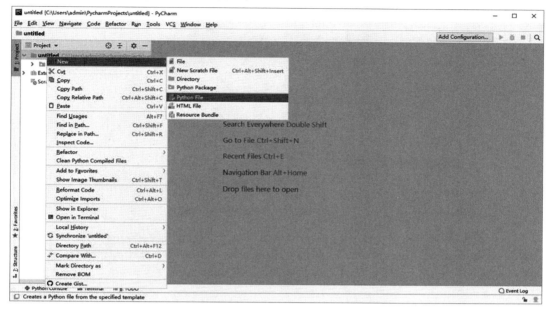

图 2.18　选择"Python File"命令

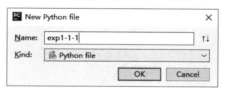

图 2.19　输入 py 命令

如果已经存在 py 文件,可以在 Windows 资源管理器中直接双击该文件,或者将该文件拖到打开的 PyCharm 窗口中,然后就在 PyCharm 中进行代码的编辑和运行。

⑤运行 py 文件。

如图 2.20 所示,在 PyCharm 的 py 文件(如 exp1-1-1. py)窗口中,右击任意位置,在弹出的快捷菜单中选择"Run'exp1-1-1'",就可以运行该文件。正常运行的情况下,底部的"Run"窗口中会显示"Process finished with exit code 0"。

上面介绍的是如何新建和运行一个 py 文件。一般情况下,只要 PyCharm 安装并配置正确,py 文件就能正常运行。

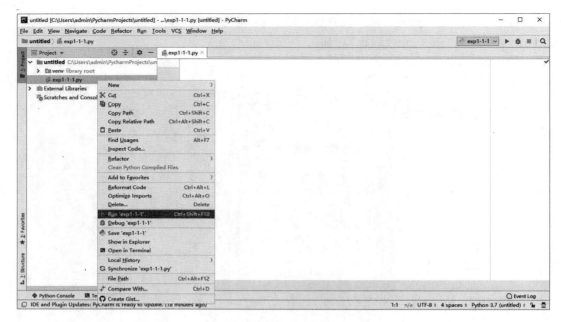

图 2.20 输入 py 命令

模块 3　Python 语言基础

本章主要讲解 Python 的基本语法,包括 Python 的编码风格,变量的特点和使用方法,简单数据类型及其操作,运算符及其优先级,以及字符串的操作等内容。

3.1　Python 的对象模型

对象是 Python 语言中最基本的概念,在 Python 中处理的一切都是对象。Python 中有许多内置对象可供编程者使用,内置对象可直接使用,如数字、字符串、列表、del 等;非内置对象需要导入模块才能使用,如正弦函数 sin(x)、随机数产生函数 random( )等。Python 内置对象见表 3.1。

表 3.1　Python 内置对象

对象类型	类型名称	示例	简要说明
数字	int, float, complex	1234,3.14, 1.3e5, 3+4j	数字大小没有限制,内置支持复数及其运算
字符串	str	'swfu', "I'm student", '''Python''', r'abc', R'bcd'	使用单引号、双引号、三引号作为定界符,以字母 r 或 R 引导的表示原始字符串
字节串	bytes	b'hello world'	以字母 b 引导,可以使用单引号、双引号、三引号作为定界符
列表	list	[1, 2, 3],['a', 'b', ['c', 2]]	所有元素放在一对方括号中,元素之间使用逗号分隔,其中的元素可以是任意类型
字典	dict	{1:'food', 2:'taste', 3:'import'}	所有元素放在一对大括号中,元素之间用逗号分隔,元素形式为"键:值"
元组	tuple	(2, -5, 6), (3,)	不可变,所有元素放在一对圆括号中,元素之间使用逗号分隔,如果元组中只有一个元素,后面的逗号不能省略
集合	set frozenset	{'a', 'b', 'c'}	所有元素放在一对大括号中,元素之间使用逗号分隔,元素不允许重复;另外,set 是可变的,而 frozenset 是不可变的
布尔型	bool	True, False	逻辑值,关系运算符、成员测试运算符、同一性测试运算符组成的表达式的值一般为 True 或 False

续表

对象类型	类型名称	示例	简要说明
空类型	NoneType	None	空值
异常	Exception、ValueError、TypeError		Python 内置大量异常类,分别对应不同类型的异常
文件		f = open('data.dat', 'rb')	open 是 Python 内置函数,使用指定的模式打开文件,返回文件对象
其他可迭代对象		生成器对象、range 对象、zip 对象、enumerate 对象、map 对象、filter 对象等	具有惰性求值的特点,除 range 对象之外,其他对象中的元素只能看一次
编程单元		函数(使用 def 定义)、类(使用 class 定义)、模块(类型为 module)	类和函数都属于可调用对象,模块用来集中存放函数、类、常量或其他对象

3.2　Python 代码编写规范

使用 Python 进行程序设计之前,读者需要了解并掌握它的基本语法,这样才能有助于代码的学习和运用,有利于养成良好的编程风格。

3.2.1　Python 编码规范

Python 语言和其他计算机语言一样有着自己独特的语法,了解和使用这些最基本的语法,你就可以编写一些简单的 Python 程序了。

(1)缩进

Python 最具特色的就是使用缩进来表示代码块。缩进的空格是可变的,但是相同逻辑关系的代码块语句必须包含相同的缩进空格数。

缩进时可以使用空格键,也可以使用 Tab 键。但需要注意的是,不同的文本编辑器中 Tab 制表符代表的空白宽度不一致,如果我们编写的代码要跨平台使用,就不要使用 Tab 制表符。

在 IDLE 开发环境中,一般以 4 个空格为基本缩进单位。也可使用下面的方法来修改基本缩进量:

打开 IDLE 开发环境,选择"Options"菜单—"Configure IDLE",打开"Settings"对话框,如图 3.1 所示,在"Fonts/Tabs"标签下,可在"Indentation Width"区域通过拖动滑块来设置基本缩进单位。

接下来,通过运行一段代码来直观验证一下上述规则。

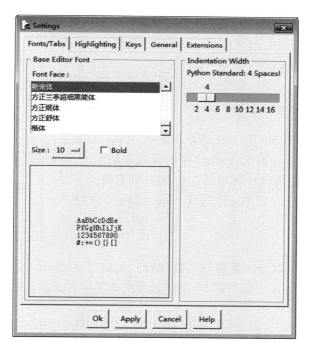

图 3.1　Settings 对话框

```
x=5
if x>0：
    print("x 是正整数。")
```

运行结果：

x 是正整数。

如果上述代码没有按规定缩进，错误写成下面的代码：

```
    x=5
if x>0：
    print("x 是正整数。")
```

运行时会显示如图 3.2 所示的错误而拒绝执行程序。

图 3.2　错误信息窗口

通过这个例子可以看出,代码的首行不允许有空白。

如果,错误写成下面的代码:

```
x=5
if x>0:
print("x 是正整数。")
```

运行时会显示如图 3.3 所示的错误,同样拒绝执行程序。

通过上述的例子可以看出,Python 中的缩进是必须的,这是语法规定,而不像在其他计算机语言中缩进可有可无。也正是因为 Python 的这个特性,使得 Python 代码可读性非常强。

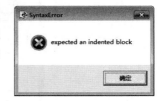

图 3.3　错误信息窗口

（2）语句换行

在 Python 中,行可以分为逻辑行与物理行。逻辑行主要指一段代码在结构或意义上的行数,而物理行指的是实际看到的行数。比如,以下是 2 个物理行:

```
x=10
y=20
```

而以下是 1 个物理行,3 个逻辑行:

```
t=x; x=y; y=t;
```

通常,在 Python 程序中,一个物理行包含一个逻辑行,即一行写一条语句。如果要在一个物理行中编写多个逻辑行,物理行与物理行之间必须要用分号";"隔开。值得注意的是,如果逻辑行程序在物理行的最后,则可以省略分号。以下两种写法都是正确的。

写法一:

```
t=x; x=y; y=t;
```

写法二:

```
t=x; x=y; y=t
```

如果一条语句过长,一个物理行写不下,就需要进行换行处理。语句换行可有以下几种处理方法。

①方法一:在要换行的行尾添加续行符"\"。

例如:

```
x="Python\
程序设计\
教程"
print(x)
```

运行结果：

> Python 程序设计教程

②方法二：在多行语句的外侧加上一对圆括号。

例如：

```
x =( " Python "
    "程序设计"
    "教程")
print( x)
```

运行结果：

> Python 程序设计教程

再如：

```
x =(5 +
    22)
print( x)
```

运行结果：

> 27

③方法三：对于字符串来说，可在多行字符串的外侧加上三对单引号或双引号。

例如：

```
x =''' Python
    程序设计
教程'''
print( x)
```

运行结果：

> Python
>   程序设计
> 教程

需要注意的是，在（ ）、[ ] 或 { }中的语句，不需要再使用圆括号进行换行。

例如：

```
x =(1,2,
    3,4)
for i in x：
    print( i)
```

运行结果：

```
1
2
3
4
```

（3）注释

在 Python 中，可以通过注释让某些程序不起作用或者对程序进行解释说明。

Python 中，常见的注释方法主要有#注释法和三引号注释法两种。其中，#注释法比较适合注释单行程序，而三引号注释法比较适合注释多行程序，当然没有绝对的要求。

比如，在上面的程序中，假如我们希望在程序开始时添加一行程序的解释说明，但这行程序的解释说明，由于在 Python 程序文件里面，若不进行处理则会执行，此时我们并不希望它执行，所以可以对这行程序进行注释，如下所示：

```
#是否成年判断程序
age = 16
if( age>=18) :
    print("已成年")
else :
    print("未成年")
```

可以看到，此时通过#对该行程序实现了注释，所以以上程序中的"#是否成年判断程序"这一行并不会起作用，仅仅只是对程序进行解释说明而已，这时程序仍然可以正常执行并输出"未成年"。

除了这种写法之外，还可以使用下一种写法，如下所示：

```
'''是否成年判断程序'''
age = 16
if( age>=18) :
    print("已成年")
else :
    print("未成年")
```

可以看到，此时使用的是三引号注释法，第一行程序仍然不起作用，只对程序进行说明与解释，该程序最终也能正常执行。

如果此时，写一段新的程序执行，不希望受这一段"是否成年判断程序"的干扰，我们可以将整段程序都进行注释，如下所示：

```
'''是否成年判断程序
age = 16
if( age>=18 ):
    print("已成年")
else:
    print("未成年")
'''
print(" I like Python! ")
```

此时,使用三引号注释法可以很轻松地将这一大段程序都进行注释,注释后,三引号里面的程序段就不起作用了,其实可以正常输出:I like Python!

当然,也可以使用#分别对每一行程序均进行注释,如下所示:

```
#是否成年判断程序
#age = 16
#if( age>=18 ):
#      print("已成年")
#else:
#      print("未成年")
print(" I like Python! ")
```

这样,注释后的这一段程序也不会起作用,此时也会正常地输出:I like Python!

读者会发现,如果使用#注释多行程序,需要每一行均写一个#,比较麻烦。一般建议,单行程序使用#注释法注释,多行程序使用三引号注释法注释,当然可以不按照此建议进行,没有绝对的要求,只不过方便程度不一样而已。

另外,在 IDLE 开发环境中,可以先用鼠标选取多行代码,然后使用快捷键"Alt+3"和"Alt+4"进行代码块的批量注释和解除注释。

例如:在 IDLE 开发环境中,输入如图 3.4 所示的代码。

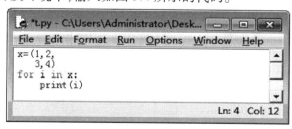

图 3.4　IDLE 程序窗口

首先,用鼠标选取前两行代码,然后使用快捷键"Alt+3",则所选取的前两行代码前自动添加了单行注释符,如图 3.5 所示。

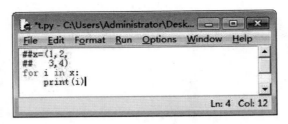

图 3.5　批量添加注释符

如果想解除单行注释符,则可以使用快捷键"Alt+4",将选取行的单行注释符批量取消。

3.2.2　Python 中的标识符与关键字

在 Python 编程中所起的名字称为标识符。有效标识符的命名有一定的规则,其中变量名就是标识符的一种。

Python 系统中自带了一些具备特定含义的标识符,这些标识符称为关键字。常用的关键字都有哪些? 如何查看一下其含义?

（1）标识符的命名规则

在 Python 中,标识符的命名是有规则的,具体规定如下:

①标识符的第一个字符必须是字母或下画线。数字不能作为首字符。当标识符包含多个单词时,通常使用下画线"_"来连接,如:name_stu1。

②除去首字符,标识符只能由字母、数字和下画线组成。标识符中不能出现字母、数字和下画线之外的其他字符。

③Python 中的关键字不能作为标识符。

④标识符的长度不限。

⑤标识符区分大小写。如:name 和 Name 系统会认为是两个不同的标识符。

Python 中的标识符还应遵循以下一些约定:

①不要使用 Python 预定义的标识符名对自定义的标识符进行命名。

Python 内置的数据类型名,如:int、jloat、list、str、tuple 等,应避免被使用,Python 内置的函数名与异常名也应避免被使用。

②避免名称的开头和结尾都使用下画线。

开头和结尾都使用下画线的名称表示 Python 自定义的特殊方法或变量,因此不应该再命名这类标识符名称。

（2）关键字

Python 系统中的关键字都有哪些呢? 现通过下面一段程序来查看一下。

```
# Python 中的关键字
import keyword
print( keyword.kwlist)
```

运行结果：

```
['False', 'None', 'True', 'and', 'as', 'assert', 'break', 'class', 'continue',
'def', 'del', 'elif', 'else', 'except', 'finally', 'for', 'from', 'global', 'if', 'import
', 'in', 'is', 'lambda', 'nonlocal', 'not', 'or', 'pass', 'raise', 'return', 'try',
'while', 'with', 'yield']
```

也就是说，上面显示的这 33 个关键字不能用作标识符。Python 中的每个关键字都代表不同的含义，想知道的话，可以通过 help( )命令进入帮助系统来查看。示例代码如下：

```
>>> help( )             #进入帮助系统
help> keywords          #查看所有的关键字列表
help> if                #查看"if"这个关键字的说明
help> quit              #退出帮助系统
```

3.3　简单数据类型的常量和变量

程序运行时，不会被更改的量称为常量。常量通常可以分为整型、浮点型、布尔型、复数型、字符串型。整型常量有十进制、二进制、八进制、十六进制等不同的表示方式。浮点型也有十进制形式和指数形式两种表示方式。

程序设计中还会经常用到另外一个量称为变量，变量是内存中命名的存储位置，用于存储数据。与常量不同的是，变量在程序运行过程中是变化的。变量的数据类型除了有整型、浮点型、布尔型、复数型、字符串型外，还有列表类型、元组类型、字典类型等组合数据类型。

3.3.1　常量及其表示

在 Python 语言中，常量有整型、浮点型、布尔型、复数型、字符串型，了解各类型常量的表示方法，就可以根据题目需要正确地给变量赋值，完成相应的计算，得到问题的答案了。

（1）整型常量

在 Python 中，整型是最常用的数据类型，它的取值范围与所用的机器有关，在 32 位机器上取值范围是 $-2^{31} \sim 2^{31}-1$，即 $-2147483648 \sim 2147483647$；在 64 位机器上，取值范围是 $-2^{63} \sim 2^{63}-1$，即 $-9223372036854775808 \sim 9223372036854775807$。

可以使用下面的代码显示一下本机上整数的最大取值。

```
>>> import sys
>>> print( sys.maxsize)
9223372036854775807
```

Python 中整型常量也可以用二进制、八进制、十六进制表示,当用二进制表示时,数值前面加上"0b"或"0B";当用八进制表示时,数值前面要加上"0o"或"0O",注意第一个字符为数字 0,第二个字符为字母 o 或 O;当用十六进制表示时,数字前面要加上"0x"或"0X"。不同进制的表示示例如下:

```
# 十进制整数
>>> 23
23
>>> -45
-45
# 二进制整数
>>> 0b1101
13
>>> -0B1101
-13
# 八进制整数
>>> -0o17            #第二个字符为数字 0,第三个字符为小写字母 o
-15
>>> 0O23            #第一个字符为数字 0,第二个字符为大写字母 O
19
# 十六进制整数
>>> 0x41
65
>>> -0X1a
-26
```

值得注意的是,在 Python 3 中已经没有长整型这个数据类型了。

(2)浮点型常量

浮点型常量用来表示带有小数的数据,有两种表示形式,分别为十进制小数形式和指数形式。

十进制小数形式是由数字和小数点组成,小数点前或后面的"0"可以缺省不写,但小数点必须要写,如:1.23、-3.45、23.、.15 等都是正确的写法。

指数形式的格式是:

```
<实数>e/E<+/->指数
```

其中,"e"或"E"表示基是 10,后面的整数表示指数,如果指数是正整数,整数前面的"+"可以省略。不同方式的表示示例如下:

```
>>> .15
0.15
>>> 23.
23.0
>>> 1.25e3
1250.0
>>> -4.57E-3
-0.00457
```

需要注意的是,Python 的浮点型数据占 8 个字节,能表示的数值范围是:-1.8^{308} ~ 1.8^{308}。示例代码如下:

```
>>> -1.8E308          #表示浮点数超出了可以表示的范围
-inf
>>> 1.8E308           #表示浮点数超出了可以表示的范围
inf
```

(3)布尔型常量

布尔型可以看作是一种特殊的整数,只有两个取值:True 和 False,分别对应整数 1 和 0。对于值为零的任何数字或空集在 Python 中布尔值都是 False。例如,以下对象的布尔值都是 False:

- 0(整型)
- False(布尔型)
- 0.0(浮点型)
- 0.0+0.0j(复数型)
- ""(空字符串)
- [ ](空列表)
- ( )(空元组)
- {}(空字典)
- None

Python 语言中有一个特殊的值,叫作"None",它表示空值,它不同于逻辑值 False、数值 0、空字符串"",它表示的含义就是没有任何值,它与其他任何值的比较结果都是 False。示例代码如下:

```
>>> None == False
False
>>> "" == None
False
>>> None == 0
False
```

（4）复数类型常量

复数类型用来表示数学中的复数,由实数部分和虚数部分组成,表示格式为:a+bj,其中,实数部分 a 和虚数部分 b 都是浮点型,虚数部分必须加后缀"j"或"J"。

需要注意的是,实数部分如果为 0,可以省略不写,但一个复数必须要有虚数部分,而且虚数部分的值即使是 1 也不能省略,必须写成 1j,否则会报错。示例代码如下:

```
>>> 1.23+45.6j          #实数部分和虚数部分都是小数
(1.23+45.6j)
>>> 3-2j                #实数部分或虚数部分可以写成整数
(3-2j)
>>> 3.21e3+9.87e-2J     #实数部分或虚数部分可以写成指数形式
(3210+0.0987j)
>>> -.56+0j             #虚数部分为 0 也要写成 0j
(-0.56+0j)
>>> 0+2j
2j
>>>3.4j                 #实数部分为 0 可以省略不写
3.4j
>>> 2-j                 #虚数部分的值即使是 1 也不能省略,否则会报错
Traceback (most recent call last):
  File "<pyshell#16>", line 1, in <module>
    2-j
NameError: name 'j' is not defined
>>> 2-1j                #虚数部分的值即使是 1 也要写成"1j"
(2-1j)
```

（5）字符串型常量

字符串是一种表示文本的数据类型,也是 Python 中最常见的,可以通过单引号"'"、双引号""""和三引号""""""来表示字符串常量。

需要注意的是,用单引号表示的字符串里不能包含单引号;同样,用双引号表示的字符串里不能包含双引号,且只能有一行。只有三引号能够包含多行字符串,常常出现在函数声明的下一行,用来注释函数的功能。相关示例代码如下:

```
>>> 'hello'
'hello'
>>> 'let's go'           #单引号表示的字符串里不能包含单引号
SyntaxError: invalid syntax
>>> "let's go"
```

```
"let's go"
>>> ""Yes.",he said."          #双引号表示的字符串里不能包含双引号
SyntaxError：invalid syntax
>>> ""Yes.",he said.'
'"Yes.",he said.'
>>> ''' Hello                   #三引号能够包含多行字符串
Python
!!! '''
'Hello\nPython\n!!! '          # \n 表示换行
```

3.3.2　变量及不同数据类型间的转换

变量用来存储数据,它的值在程序运行过程中会发生变化。变量是标识符的一种,因此,变量的命名要遵循标识符的命名规则。

在 Python 中,使用变量之前不用先声明,直接给变量赋值即可,Python 会根据变量的值自动判断变量的数据类型,通俗一点说:给变量赋了什么类型的值,变量就是什么数据类型了。

（1）变量名

变量是标识符的一种,变量的命名完全遵循标识符的命名规则。下面所列的变量名都是有效的:

x　　　　pow_x　　　　x2　　　　_ price　　　　Myage 等

以下的变量名都是无效的:

```
3a                    # 错在:第 1 个字符为数字
My age                # 错在:中间有空格
my-price              # 错在:中间有减号
return                # 错在:使用了 Python 关键字
```

Python 中的变量区分大小写。比如,下列示例代码中的 age 和 Age 被认为是两个不同的变量。

```
>>> age = 18
>>> Age = 28
>>> age
18
>>> Age
28
```

Python 支持 Unicode 编码,因此,在 Python 3.x 中,可以使用中文作为变量名,例如:

```
>>> 姓名 ='张华'
>>> 姓名
'张华'
```

给变量命名除了要遵循规则外,在此提出一点建议:见名知意。最好起一个有意义的名字,尽量做到从变量名上就能明显知道它保存的是什么值,这样可提高代码的可读性。例如,使用 name 保存姓名,使用 age 保存年龄。

(2)变量的数据类型

为了更加充分地利用内存空间,需要为变量指定不同的数据类型。Python 中常见的变量的数据类型如图 3.6 所示。

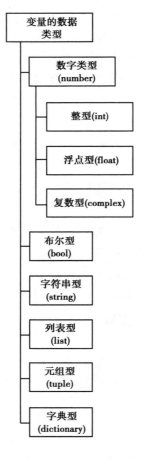

图 3.6　变量的数据类型

变量可以直接使用,Python 会根据变量的值自动辨别变量的数据类型,如果想查看一下到底是什么数据类型,可以使用 type( )函数来检测数据的类型,该函数的格式为:

type（变量名）

示例代码如下：

```
>>> x = 10                      #x 是整型变量
>>> type(x)
<class ' int '>
>>> y = 12.3                    #y 是浮点型变量
>>> type(y)
<class ' float '>
>>> L = True                    #L 是布尔型变量
>>> type(L)
<class ' bool '>
>>> s = '这是一个字符串'       #s 是字符串型变量
>>> type(s)
<class ' str '>                 #x 是整型变量,y 是浮点型变量,x+y 的结果 z 是
                                浮点型变量
>>> x = 10
>>> y = 12.3
>>> z = x+y
>>> type(z)
<class ' float '>
```

对于复数型变量,可通过"变量名.real"访问到复数的实数部分,通过"变量名.imag"访问到复数的虚数部分。示例代码如下：

```
>>> c = 1.23-4j                 #c 是复数型变量
>>> c.real                      #访问复数的实数部分
1.23
>>> type(c.real)                #查看复数实数部分的数据类型
<class ' float '>
>>> c.imag                      #访问复数的虚数部分
-4.0
>>> type(c.imag)                #查看复数虚数部分的数据类型
<class ' float '>
```

Python 中可以一次对多个变量赋值,赋值格式为：

变量 1,变量 2,……,变量 n = 值 1,值,2,……,值 n

示例代码如下：

```
>>> name,age ="张伟",19
>>> name
'张伟'
>>> age
19
```

（3）数据类型转换

当多个数据类型进行混合运算时,就会涉及数据类型的转换问题。Python 系统会检查一个数是否可以转换为另一个类型,如果可以则自动进行类型转换,数据类型转换的基本原则是:整型转换为浮点型,浮点型转换为复数。实例代码如下:

```
>>> 2+3.4
5.4
>>> 1.2 + (3.4+5.6j)
(4.6+5.6j)
```

上述计算中,数据类型的转换是自动进行的,不需要编码进行类型转换。但是,在有些情况下,我们需要借助一些函数进行数据类型转换。常见的数据类型转换函数有:
- int(x):将变量 x 转换为一个整数;
- float(x):将变量 x 转换为一个浮点数;
- complex(real,imag):创建一个复数,real 为实数部分,imag 为虚数部分;
- str(x):将任意对象 x 转换为字符串。

示例代码如下:

```
>>> x =3.4            #将浮点数转换为整数
>>> int(x)
3
>>> x =' 12 '          #将字符串转换为整数
>>> int(x)
12
>>> float( -5)        #将整数转换为浮点数
-5.0
>>> x =' 12 '          #将字符串转换为浮点数
>>> float(x)
12.0
>>> complex( 1.2, -3.5)   #创建一个复数
(1.2-3.5j)
>>> complex(3)
(3+0j)
```

```
>>> complex(1.2e-3,7.65e+2)
(0.0012+765j)
>>> a=12.3
>>> s=str(a)                    #将数值转换成字符串
>>> s
'12.3'
>>> str(4+5j)
'(4+5j)'
```

Python 属于强类型编程语言,Python 解释器会根据赋值或运算来自动推断变量类型。Python 还是一种动态类型语言,变量的类型也是可以随时变化的。

如果变量出现在赋值运算符或复合赋值运算符(例如,"+=""*="等)的左边则表示创建变量或修改变量的值,否则表示引用该变量的值,这一点同样适用于使用下标来访问列表、字典等可变序列以及其他自定义对象中元素的情况。

字符串和元组属于不可变序列,不能通过下标的方式来修改其中的元素值,试图修改元组中元素的值时会抛出异常。

```
>>> x = (1,2,3)
>>> print(x)
(1, 2, 3)
>>> x[1] = 5
Traceback (most recent call last):
  File "<pyshell#7>", line 1, in <module>
    x[1] = 5
TypeError: 'tuple' object does not support item assignment
```

在 Python 中,允许多个变量指向同一个值。例如:

```
>>> x = 3
>>> id(x)
1786684560
>>> y = x
>>> id(y)
1786684560
```

然而,当为其中一个变量修改值以后,其内存地址将会变化,但这并不影响另一个变量。例如,接着上面的代码再继续执行下面的代码:

```
>>> x += 6
>>> id(x)
1786684752
>>> y
3
>>> id(y)
1786684560
```

Python 采用的是基于值的内存管理方式,如果为不同变量赋值为相同值,这个值在内存中只有一份,多个变量指向同一块内存地址。

```
>>> x = 3
>>> id(x)
10417624
>>> y = 3
>>> id(y)
10417624
>>> x = [1, 1, 1, 1]
>>> id(x[0]) == id(x[1])
True
```

赋值语句的执行过程:首先把等号右侧表达式的值计算出来,然后在内存中寻找一个位置把值存放进去,最后创建变量并指向这个内存地址。Python 中的变量并不直接存储值,而是存储了值的内存地址或者引用,这也是变量类型随时可以改变的原因。

Python 具有自动内存管理功能,对于没有任何变量指向的值,Python 自动将其删除。Python 会跟踪所有的值,并自动删除不再有变量指向的值。因此,Python 程序员一般情况下不需要太多考虑内存管理的问题。

尽管如此,显式使用 del 命令删除不需要的值或显式关闭不再需要访问的资源,仍是一个好的习惯,同时也是一个优秀程序员的基本素养之一。

在定义变量名的时候,需要注意以下问题:

①变量名必须以字母或下划线开头,但以下划线开头的变量在 Python 中有特殊含义。

②变量名中不能有空格以及标点符号(括号、引号、逗号、斜线、反斜线、冒号、句号、问号等)。

③不能使用关键字作变量名,可以导入 keyword 模块后使用 print(keyword.kwlist) 查看所有 Python 关键字。

④不建议使用系统内置的模块名、类型名或函数名以及已导入的模块名及其成员名作变量名,这将会改变其类型和含义,可以通过 dir(__builtins__) 查看所有内置模块、类型和函数。

⑤变量名对英文字母的大小写敏感,例如 student 和 Student 是不同的变量。

3.4　数字

数字是不可变对象,可以表示任意大小的数字。

```
>>> a=999999999999999999999999999999
>>> a*a
999999999999999999999999999998000000000000000000000000000001
>>> a**3
999999999999999999999999999997000000000000000000000000000299
999999999999999999999999999999
```

Python 的 IDEL 交互界面可以当作简便计算器来使用。

```
>>> ((3**2)+(4**2))**0.5
5.0
```

Python 中的整数类型可以分为:

①十进制整数,如 0、–1、9、123。

②十六进制整数,需要 16 个数字 0、1、2、3、4、5、6、7、8、9、a、b、c、d、e、f 来表示整数,必须以 0x 开头,如 0x10、0xfa、0xabcdef。

③八进制整数,只需要 8 个数字 0、1、2、3、4、5、6、7 来表示整数,必须以 0o 开头,如 0o35、0o11。

④二进制整数,只需要 2 个数字 0、1 来表示整数,必须以 0b 开头,如 0b101、0b100。

⑤浮点数又称小数,如 15.0、0.37、–11.2、1.2e2、314.15e–2。

Python 内置支持复数类型。

```
>>> a = 3+4j
>>> b = 5+6j
>>> c = a+b
>>> c
(8+10j)
>>> c.real              #查看复数实部
8.0
>>> c.imag              #查看复数虚部
10.0
>>> a.conjugate()       #返回共轭复数
(3-4j)
>>> a*b                 #复数乘法
(-9+38j)
>>> a/b                 #复数除法
(0.6393442622950819+0.03278688524590165j)
```

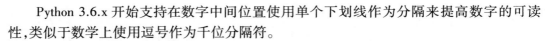

Python 3.6.x 开始支持在数字中间位置使用单个下划线作为分隔来提高数字的可读性,类似于数学上使用逗号作为千位分隔符。

```
>>> 1_000_000
1000000
>>> 1_2_3_4
1234
>>> 1_2 + 3_4j
(12+34j)
>>> 1_2.3_45
12.345
```

3.5 运算符和表达式

描述各种不同运算的符号称为运算符,参与运算的数据称为操作数。Python 运算符包括赋值运算符、算术运算符、关系运算符、逻辑运算符、位运算符、成员运算符和身份运算符。表达式是将不同类型的数据,如常量、变量、函数等,用运算符按照一定的规则连接起来的式子。本项目主要介绍 Python 的各类运算符和表达式。

3.5.1 算术运算符和算术表达式

算术运算符主要用于计算。Python 中的算术运算符有两类:单目操作符正号(+)、负号(-)和双目运算符(+、-、*、/、%、**、//),分别表示加、减、乘、除、取余、乘方、整除等运算。

Python 中的算术运算符和表达式见表 3.2。

表 3.2 算术运算符和表达式

算术运算符	描述	表达式	实例
+	加法运算	x+y	9+2 结果 11
-	减法运算	x-y	9-2 结果 7
*	乘法运算	x * y	9 * 2 结果 18
/	除法运算	x/y	9/2 结果 4.5
%	求模运算(取余数)	x%y	9%2 结果 1 -13%3 结果 2
* *	幂运算	x * * y	9 * * 2 结果 81
//	整除运算,返回商的整数部分 (向下取整)	x//y	9//2 结果 4 -7//3 结果 -3

3.5.2 赋值运算符和赋值表达式

Python 中的赋值运算符有两类:简单赋值运算符(=)和复合赋值运算符(+ = 、 - = 、 * = 、/ = 、% = 、 * * = 、// =),简单赋值运算符是把等号右边的值赋给左边;复合赋值运算符可以看作是将算术运算和赋值运算功能合并在一起的一种运算符。

Python 中的赋值运算符和表达式见表 3.3,假设 x = 7,y = 3。

表 3.3 赋值运算符和表达式

赋值运算符	描述	表达式	实例
=	赋值运算	x = y	z = x,z 结果 7
+ =	加法赋值运算	x+ = y	等价于 x = x+y,x 结果 11
- =	减法赋值运算	x- = y	等价于 x = x-y,x 结果 4
* =	乘法赋值运算	x * = y	等价于 x = x * y,x 结果 21
/ =	除法赋值运算	x/ = y	等价于 x = x/y,x 结果 2.3333333333333335
% =	求模赋值运算	x% = y	等价于 x = x%y,x 结果 1
* * =	幂赋值运算	x * * = y	等价于 x = x * * y,x 结果 343
// =	整除赋值运算	x// = y	等价于 x = x//y,x 结果 2

可以同时为多个变量赋同一个值,示例代码如下:

```
>>> x = y = z = 10
```

结果变量 x、y、z 的值均为 10 了。

还可以将多个数值赋给多个变量,示例代码如下:

```
>>> x,y = 10,20
>>> x
10
>>> y
20
>>>
```

3.5.3 关系运算符和关系表达式

关系运算用于比较两个数的大小。Python 中的关系运算符有等于(= =)、不等于(! =)、大于(>)、大于等于(> =)、小于(<)、小于等于(< =)等。关系运算的结果是一个逻辑值,即结果不是 True 就是 False。

Python 中的关系运算符和表达式见表 3.4，假设 x = 10，y = 20。

表 3.4　关系运算符和表达式

关系运算符	描述	表达式	实例
= =	等于运算	x = = y	结果 False
！=	不等于运算	x！= y	结果 True
>	大于运算	x>y	结果 False
<	小于运算	x<y	结果 True
>=	大于等于运算	x>= y	结果 False
<=	小于等于运算	x<= y	结果 True

3.5.4　逻辑运算符和逻辑表达式

逻辑运算用来表达日常交流中的"并且""或者""除非"等意思。Python 中的逻辑运算符有：与（and）、或（or）、非（not）。关系运算的结果是一个逻辑值，即结果不是 True 就是 False。

Python 中的逻辑运算符和表达式见表 3.5，假设 x = 10，y = 20。

表 3.5　逻辑运算符和表达式

逻辑运算符	描述	表达式	实例
and	"与"运算：如果 x 为 False，x and y 返回 False，否则它返回 y 的计算值	x and y y and x	结果 20 结果 10
or	"或"运算：如果 x 是 True，x or y 返回 x 的值，否则它返回 y 的计算值	x or y y or x	结果 10 结果 20
not	"非"运算：如果 x 为 True，not x 返回 False；如果 x 为 False，not x 返回 True	not x	结果 False

在编程中，通常用逻辑运算符进行条件判断，比如：判断 x 值是否在 0~100，条件表达式应写为：(x>= 0) and (x<= 100)，示例代码如下：

```
>>> x = 10
>>> (x>=0) and (x<=100)
True
>>> x = 120
>>> (x>=0) and (x<=100)
False
```

3.5.5 成员运算符和成员表达式

成员运算符用于判断指定序列中是否包含某个值,结果为 True 或 False。Python 中的成员运算符有两个:in 和 not in。

Python 中的成员运算符和表达式见表 3.6,假设 x＝10,y＝[1,2,3,4]。

表 3.6 成员运算符和表达式

成员运算符	描述	表达式	实例
in	如果在指定的序列中找到某值则返回 True,否则返回 False	x in y	结果 False
not in	如果在指定的序列中没有找到某值则返回 True,否则返回 False	x not in y	结果 True

3.5.6 位运算符和位表达式

程序中用到的数据在计算机中都是以二进制的形式存储的。位运算就是直接对整数在内存中的二进制数的各位进行操作。Python 中位运算符有:按位与(＆)、按位或(│)、按位异或(＾)、按位取反(～)以及位移运算符:左移(＜＜)、右移(＞＞)等。

Python 中的位运算符和表达式见表 3.7。假设 a＝185,b＝39,用十六进制表示为 a＝0xb9,b＝0x27;用二进制表示为 a＝0b10111001,b＝0b00100111。

表 3.7 位运算符和表达式

成员运算符	描述	表达式	实例
＆	按位与:如果两个二进制位都为1,则该位为1,否则为0	a&b	a:10111001 b:00100111 a&b:00100001 (33,0x21)
│	按位或:只要有一个二进制位为1,则该位为1,否则为0	a│b	a:10111001 b:00100111 a│b:10111111 (191,0xbf)
＾	按位异或:两个二进制位相同为0,相异为1	a＾b	a:10111001 b:00100111 a＾b:10011110 (158,0x9e)

续表

成员运算符	描述	表达式	实例
~	按位取反:对数据的每个二进制位取反	~a	a:00111001 ~a:11000110 (−58,−0x3a)
<<	按位左移:运算数的各二进制位全部向左移若干位	a<<2	a:00111001 a<<2:11100100 (228,0xe4)
>>	按位右移:运算数的各二进制位全部向右移若干位	a>>2	a:00111001 a>>2:00001110 (14,0xe)

需要解释一下的有:

①按位取反运算。

a:00111001,对该数每个二进制位取反,即把 1 变为 0,把 0 变为 1,得到 ~a:11000110,该数是二进制数的补码形式,最高位为符号位,转换成原码为:10111010,该数对应的十六进制数为−0x3a,对应的十进制数为−58。

②按位左移运算。

a=57,对应的十六进制数为 0x39,对应的二进制数为:0b00111001,a<<2 表示运算数的各二进制位全部左移 2 位,移出的高位丢弃,低位补 0。a << 2 的结果是 11100100,对应的十六进制数为 0xe4,对应的十进制数为 228,是原数的 4 倍。

可以明显看出,一个数向左移动 n 位,如果移出的位数都是 0 的话,则移位后的结果相当于该数乘以 2 的 n 次方。因此,在程序中想要计算一个数乘以 2 的 n 次方,可以使用按位左移 n 位来实现。

③按位右移运算。

同上,a=57,对应的二进制数为 0b00111001,a>>2 表示运算数的各二进制位全部右移 2 位,移出的低位丢弃,高位补 0。a>>2 的结果是 00001110,对应的十六进制数为 0x0e,对应的十进制数为 14,是原数除以 4 的商。

显然,一个数向右移动 n 位,则移位后的结果相当于该数整除 2 的 n 次方。因此,在程序中想要计算一个数除以 2 的 n 次方,可以使用按位右移 n 位来实现。

3.5.7　运算符的优先级

正如我们熟知的,在一个算式中如果出现加、减、乘、除四则运算,应该先做乘、除,后做加减,这叫作运算顺序。Python 中有多种类型的运算符,如果多个不同的运算符同时出现在一个表达式中,就要通过运算符的优先级来决定执行运算的先后顺序。通常,优先级高的先执行,优先级低的后执行。所以,运算符的优先级是描述在计算机运算时表达式执行运算的先后顺序。

Python 运算符的优先级见表3.8。

表 3.8　运算符的优先级

优先级	运算符	描述	结合方向
1	＊＊	幂（指数）	
2	~ 、+、-	按位取反、正号、负号	从左到右
3	＊、/、%、//	乘、除、取模、整除	从左到右
4	+、-	加、减	从左到右
5	<<、>>	按位左移、按位右移	从左到右
6	&	按位与	
7	^	按位异或	
8	|	按位或	
9	<、<=、>、>=	小于、小于等于、大于、大于等于	从左到右
10	==、!=	等于、不等于	从左到右
11	=、+=、-=、＊=、/=、%=、//=、＊＊=	赋值运算符	从右到左
12	in、not in	成员运算符	从左到右
13	not	逻辑非	
14	and	逻辑与	
15	or	逻辑或	

一般情况下,运算符的优先级决定了运算的次序。但是,如果想要改变默认的计算顺序,使用圆括号就可以。例如,想要在表达式:10 + 20 ＊ 30 中让加法在乘法之前计算,那么就得写成:(10 + 20) ＊ 30。

建议:最好还是以圆括号来标记运算符的优先级,这样可读性强,也是一个良好的编程习惯。

Python 运算符通常由左向右结合,即具有相同优先级的运算符按照从左向右的顺序计算。例如,1 + 2 + 3 被计算成 (1 + 2) + 3。但是,赋值运算符的结合顺序是由右向左进行的,即 x = y = z 被处理为 x = (y = z)。

3.6　字符串

字符串是 Python 中最常用的数据类型,通过单引号、双引号和三引号来表示字符串。

字符串中的字符可以是 ASCII 字符、各种符号以及各种 Unicode 字符。Python 不支持单字符类型,单字符也是作为一个字符串使用的。本章主要介绍 Python 中字符串的输入与输出,学会使用切片的方式访问字符串中的字符,并掌握常用的字符串内建函数。

单引号、双引号、三单引号、三双引号可以互相嵌套,用来表示复杂字符串。例如:'abc'、'123'、'中国'、"Python"、'"Tom said, "Let's go"'等。

Python 中,字符串属于不可变序列。空字符串表示为''或 "",三引号'''或"""表示的字符串可以换行,支持排版较为复杂的字符串;三引号还可以在程序中表示较长的注释。

字符串支持使用+运算符进行合并以生成新字符串。

```
>>> a = 'abc' + '123'          #生成新字符串
>>> x = '1234' "abcd"
>>> x
'1234abcd'
>>> x = x + ',.;'
>>> x
'1234abcd,.;'
>>> x = x 'efg'                #不允许这样连接字符串
SyntaxError: invalid syntax
```

可以对字符串进行格式化,把其他类型对象按格式要求转换为字符串,并返回结果字符串。

```
>>> a = 3.6674
>>> '%7.3f' % a
'  3.667'
>>> "%d:%c"%(65,65)
'65:A'
>>> """My name is %s, and my age is %d""" % ('Dong Fuguo',39)
'My name is Dong Fuguo, and my age is 39'
```

Python 支持转义字符,常用的转义字符见表3.9。

表3.9 转义字符

转义字符	含义	转义字符	含义
\b	退格,把光标移动到前一列位置	\\	一个斜线\
\f	换页符	\'	单引号'
\n	换行符	\"	双引号"
\r	回车	\ooo	3位八进制数对应的字符

续表

转义字符	含义	转义字符	含义
\t	水平制表符	\xhh	2 位十六进制数对应的字符
\v	垂直制表符	\uhhhh	4 位十六进制数表示的 Unicode 字符

3.7 常用内置函数

内置函数(BIF,built-in functions)是 Python 内置对象类型之一,不需要额外导入任何模块即可直接使用,这些内置对象都封装在内置模块__builtins__之中,用 C 语言实现并且进行了大量优化,具有非常快的运行速度,推荐优先使用。

执行下面的命令可以列出所有内置函数。

```
>>> dir( __builtins__)
```

使用 help(函数名)可以查看某个函数的用法。

```
>>> help( sum)
Help on built-in function sum in module builtins:
sum( iterable, start =0, / )
    Return the sum of a ' start ' value ( default:0) plus an iterable of numbers

    When the iterable is empty, return the start value.
    This function is intended specifically for use with numeric values and may
    reject non-numeric types.
```

Python 常用的内置函数及功能简要说明见表 3.10。

表 3.10　Python 常用的内置函数及功能简要说明

函数	功能简要说明
abs(x)	返回数字 x 的绝对值或复数 x 的模
all(iterable)	如果对于可迭代对象中所有元素 x 都等价于 True,也就是对于所有元素 x 都有 bool(x)等于 True,则返回 True。对于空的可迭代对象也返回 True
any(iterable)	只要可迭代对象 iterable 中存在元素 x 使得 bool(x)为 True,则返回 True。对于空的可迭代对象,返回 False
ascii(obj)	把对象转换为 ASCII 码表示形式,必要的时候使用转义字符来表示特定的字符

续表

函数	功能简要说明
bin(x)	把整数 x 转换为二进制串表示形式
bool(x)	返回与 x 等价的布尔值 True 或 False
bytes(x)	生成字节串,或把指定对象 x 转换为字节串表示形式
callable(obj)	测试对象 obj 是否可调用。类和函数是可调用的,包含__call__()方法的类的对象也是可调用的
compile()	用于把 Python 代码编译成可被 exec() 或 eval() 函数执行的代码对象
complex(real,[imag])	返回复数
chr(x)	返回 Unicode 编码为 x 的字符
delattr(obj,name)	删除属性,等价于 del obj.name
dir(obj)	返回指定对象或模块 obj 的成员列表,如果不带参数则返回当前作用域内所有标识符
divmod(x, y)	返回包含整商和余数的元组((x-x%y)/y, x%y)
enumerate(iterable[, start])	返回包含元素形式为(0, iterable[0]), (1, iterable[1]), (2, iterable[2]),...的迭代器对象
eval(s[, globals[, locals]])	计算并返回字符串 s 中表达式的值
exec(x)	执行代码或代码对象 x
exit()	退出当前解释器环境
filter(func, seq)	返回 filter 对象,其中包含序列 seq 中使得单参数函数 func 返回值为 True 的那些元素,如果函数 func 为 None 则返回包含 seq 中等价于 True 的元素的 filter 对象
float(x)	把整数或字符串 x 转换为浮点数并返回
frozenset([x]))	创建不可变的集合对象
getattr(obj, name[, default])	获取对象中指定属性的值,等价于 obj.name,如果不存在指定属性则返回 default 的值,如果要访问的属性不存在并且没有指定 default 则抛出异常
globals()	返回包含当前作用域内全局变量及其值的字典
hasattr(obj, name)	测试对象 obj 是否具有名为 name 的成员
hash(x)	返回对象 x 的哈希值,如果 x 不可哈希则抛出异常
help(obj)	返回对象 obj 的帮助信息

续表

函数	功能简要说明
hex(x)	把整数 x 转换为十六进制串
id(obj)	返回对象 obj 的标识(内存地址)
input([提示])	显示提示,接收键盘输入的内容,返回字符串
int(x[,d])	返回实数(float)、分数(Fraction)或高精度实数(Decimal)x 的整数部分,或把 d 进制的字符串 x 转换为十进制并返回,d 默认为十进制
isinstance(obj, class-or-type-or-tuple)	测试对象 obj 是否属于指定类型(如果有多个类型的话需要放到元组中)的实例
iter(…)	返回指定对象的可迭代对象
len(obj)	返回对象 obj 包含的元素个数,适用于列表、元组、集合、字典、字符串以及 range 对象和其他可迭代对象
list([x])、set([x])、tuple([x])、dict([x])	把对象 x 转换为列表、集合、元组或字典并返回,或生成空列表、空集合、空元组、空字典
locals()	返回包含当前作用域内局部变量及其值的字典
map(func, * iterables)	返回包含若干函数值的 map 对象,函数 func 的参数分别来自 iterables 指定的每个迭代对象
max(x)、min(x)	返回可迭代对象 x 中的最大值、最小值,要求 x 中的所有元素之间可比较大小,允许指定排序规则和 x 为空时返回的默认值
next(iterator[, default])	返回可迭代对象 x 中的下一个元素,允许指定迭代结束之后继续迭代时返回的默认值
oct(x)	把整数 x 转换为八进制串
open(name[, mode])	以指定模式 mode 打开文件 name 并返回文件对象
ord(x)	返回 1 个字符 x 的 Unicode 编码
pow(x, y, z=None)	返回 x 的 y 次方,等价于 x * * y 或(x * * y) % z
print(value, …, sep=' ', end='\n', file=sys.stdout, flush=False)	基本输出函数
quit()	退出当前解释器环境
range([start,] end [, step])	返回 range 对象,其中包含左闭右开区间[start,end)内以 step 为步长的整数

续表

函数	功能简要说明
reduce(func, sequence[, initial])	将双参数的函数 func 以迭代的方式从左到右依次应用至序列 seq 中每个元素,最终返回单个值作为结果。在 Python 2.x 中该函数为内置函数,在 Python 3.x 中需要从 functools 中导入 reduce 函数再使用
repr(obj)	返回对象 obj 的规范化字符串表示形式,对于大多数对象有 eval(repr(obj)) = =obj
reversed(seq)	返回 seq(可以是列表、元组、字符串、range 以及其他可迭代对象)中所有元素逆序后的迭代器对象
round(x[, 小数位数])	对 x 进行四舍五入,若不指定小数位数,则返回整数
sorted(iterable, key=None, reverse=False)	返回排序后的列表,其中 iterable 表示要排序的序列或迭代对象,key 用来指定排序规则或依据,reverse 用来指定升序或降序,该函数不改变 iterable 内任何元素的顺序
str(obj)	把对象 obj 直接转换为字符串
sum(x, start=0)	返回序列 x 中所有元素之和,返回 start+sum(x)
type(obj)	返回对象 obj 的类型
zip(seq1[, seq2[...]])	返回 zip 对象,其中元素为(seq1[i], seq2[i], ...)形式的元组,最终结果中包含的元素个数取决于所有参数序列或可迭代对象中最短的那个

(1) bin()、oct()、hex()

内置函数 bin()、oct()、hex()用来将整数转换为二进制、八进制和十六进制形式,这三个函数都要求参数必须为整数。

```
>>> bin(555)                        #把数字转换为二进制串
'0b1000101011'
>>> oct(555)                        #转换为八进制串
'0o1053'
>>> hex(555)                        #转换为十六进制串
'0x22b'
```

(2) ord()、chr()、str()

内置函数 ord()和 chr()是一对功能相反的函数,ord()用来返回单个字符的序数或 Unicode 码,而 chr()则用来返回某序数对应的字符,str()则直接将其任意类型参数转换为字符串。

```
>>> ord('a')                    >>> chr(65)
97                              'A'
>>> chr(ord('A')+1)             >>> str(1)
'B'                             '1'
>>> str(1234)                   >>> str([1,2,3])
'1234'                          '[1, 2, 3]'
>>> str((1,2,3))                >>> str({1,2,3})
'(1, 2, 3)'                     '{1, 2, 3}'
```

（3）max( )、min( )、sum( )

内置函数 max( )、min( )、sum( )分别用于计算列表、元组或其他可迭代对象中所有元素最大值、最小值以及所有元素之和,sum( )要求元素支持加法运算,max( )和 min( )则要求序列或可迭代对象中的元素之间可比较大小。

```
>>> import random
>>> a = [random.randint(1,100) for i in range(10)]    #列表推导式
>>> a
[72, 26, 80, 65, 34, 86, 19, 74, 52, 40]
>>> print(max(a), min(a), sum(a))
86 19 548
```

如果需要计算该列表中的所有元素的平均值,可以直接这样用。

```
>>> sum(a)/len(a)
54.8
```

（4）max( )和 min( )

内置函数 max( )和 min( )的 key 参数可以用来指定比较规则。

```
>>> x = ['21', '1234', '9']
>>> max(x)
'9'
>>> max(x, key=len)
'1234'
>>> max(x, key=int)
'1234'
```

求所有元素之和最大的子列表。

```
>>> from random import randrange
>>> x = [[randrange(1,100) for i in range(10)] for j in range(5)]
>>> for item in x:
print(item)

[15, 50, 38, 53, 58, 13, 22, 54, 7, 45]
[45, 63, 58, 89, 85, 91, 77, 45, 53, 50]
[80, 10, 46, 16, 71, 73, 13, 68, 94, 50]
[66, 4, 49, 67, 26, 58, 52, 46, 69, 99]
[35, 57, 63, 35, 71, 18, 86, 2, 16, 87]
>>> max(x, key=sum)          #求所有元素之和最大的子列表
[45, 63, 58, 89, 85, 91, 77, 45, 53, 50]
```

（5）sum( )的 start 参数

内置函数 sum( )的 start 参数可以实现非数值型列表元素的求和。

```
>>> sum([1,2,3,4])
10
>>> sum([[1], [2], [3], [4]], [])
[1, 2, 3, 4]
```

（6）type( )和 isinstance( )

内置函数 type( )和 isinstance( )可以判断数据类型。

```
>>> type([3])                              #查看[3]的类型
<class 'list'>
>>> type({3}) in (list, tuple, dict)       #判断{3}是否为 list,tuple
                                           #或 dict 类型的实例
False
>>> isinstance(3, int)                     #判断 3 是否为 int 类型的实例
True
>>> isinstance(3j, (int, float, complex))  #判断 3j 是否为 int,float
                                           #或 complex 类型
True
```

（7）sorted（）

内置函数 sorted（）对列表、元组、字典、集合或其他可迭代对象进行排序并返回新列表。

```
>>> x = ['aaaa', 'bc', 'd', 'b', 'ba']
>>> sorted(x, key=lambda item: (len(item), item))
                                    #先按长度排序,长度一样的正常排序
['b', 'd', 'ba', 'bc', 'aaaa']
```

（8）reversed（）

内置函数 reversed（）对可迭代对象（生成器对象和具有惰性求值特性的 zip、map、filter、enumerate 等类似对象除外）进行翻转（首尾交换）并返回可迭代的 reversed 对象。

```
>>> x = ['aaaa', 'bc', 'd', 'b', 'ba']
>>> reversed(x)                 #逆序,返回 reversed 对象
<list_reverseiterator object at 0x0000000002E6C3C8>
>>> list(reversed(x))           #reversed 对象是可迭代的
['ba', 'b', 'd', 'bc', 'aaaa']
```

（9）range（）

内置函数 range（）语法格式为：

range（[start,] end [, step]）

返回具有惰性求值特点的 range 对象,其中包含左闭右开区间[start,end)内以 step 为步长的整数。参数 start 默认为 0,step 默认为 1。

```
>>> range(5)                    #start 默认为 0,step 默认为 1
range(0, 5)
>>> list(_)
[0, 1, 2, 3, 4]
>>> list(range(1, 10, 2))       #指定起始值和步长
[1, 3, 5, 7, 9]
>>> list(range(9, 0, -2))       #步长为负数时,start 应比 end 大
[9, 7, 5, 3, 1]
```

（10）enumerate（）

内置函数 enumerate（）用来枚举可迭代对象中的元素,返回可迭代的 enumerate 对象,其中每个元素都是包含索引和值的元组。

```
>>> list(enumerate('abcd'))                    #枚举字符串中的元素
[(0,'a'),(1,'b'),(2,'c'),(3,'d')]
>>> list(enumerate(['Python','Greate']))       #枚举列表中的元素
[(0,'Python'),(1,'Greate')]
>>> list(enumerate({'a':97,'b':98,'c':99}.items()))
                                               #枚举字典中的元素
[(0,('a',97)),(1,('b',98)),(2,('c',99))]
>>> for index, value in enumerate(range(10,15)):
                                               #枚举range对象中的元素
print((index, value), end=' ')
(0, 10) (1, 11) (2, 12) (3, 13) (4, 14)
```

(11) map()

内置函数 map() 把一个函数 func 依次映射到序列或迭代器对象的每个元素上,并返回一个可迭代的 map 对象作为结果,map 对象中每个元素是原序列中元素经过函数 func 处理后的结果。

map() 应用举例:

```
>>> list(map(str, range(5)))                   #把列表中元素转换为字符串
['0','1','2','3','4']
>>> def add5(v):                               #单参数函数
return v+5
>>> list(map(add5, range(10)))                 #把单参数函数映射到一个序列的
                                                 所有元素
[5, 6, 7, 8, 9, 10, 11, 12, 13, 14]
>>> def add(x, y):                             #可以接收2个参数的函数
return x+y
>>> list(map(add, range(5), range(5,10)))
                                               #把双参数函数映射到两个序列上
[5, 7, 9, 11, 13]
```

【例3.1】实现序列与数字的四则运算。

```
>>> def myMap(iterable, op, value):            #自定义函数
    if op not in '+-*/':                       #实现序列与数字的四则运算
        return 'Error operator'
    func = lambda i:eval(repr(i)+op+repr(value))
    return map(func, iterable)
```

```
>>> list(myMap(range(5), '+', 5))
[5, 6, 7, 8, 9]
>>> list(myMap(range(5), '-', 5))
[-5, -4, -3, -2, -1]
>>> list(myMap(range(5), '*', 5))
[0, 5, 10, 15, 20]
>>> list(myMap(range(5), '/', 5))
[0.0, 0.2, 0.4, 0.6, 0.8]
```

【例3.2】提取大整数每位上的数字。

```
>>> import random
>>> x = random.randint(1, 1e30)          #生成指定范围内的随机整数
>>> x
839746558215897242220046223150
>>> list(map(int, str(x)))               #提取大整数每位上的数字
[8, 3, 9, 7, 4, 6, 5, 5, 8, 2, 1, 5, 8, 9, 7, 2, 4, 2, 2, 2, 0, 0, 4, 6, 2, 2,
3, 1, 5, 0]
```

（12）reduce()

标准库functools中的函数reduce()可以将一个接收2个参数的函数以迭代累积的方式从左到右依次作用到一个序列或迭代器对象的所有元素上，并且允许指定一个初始值。

```
>>> from functools import reduce
>>> seq = list(range(1, 10))
>>> reduce(lambda x, y: x+y, seq)
45
```

reduce()应用举例：

```
>>> import operator                          #标准库 operator 提供了大量运算
>>> operator.add(3,5)                        #可以像普通函数一样直接调用
8
>>> reduce(operator.add, seq)                #使用 add 运算
45
>>> reduce(operator.mul, seq)                #乘法运算
362880
>>> reduce(operator.mul, range(1, 6))        #5 的阶乘
120
>>> reduce(operator.add, map(str, seq))      #转换成字符串再累加
```

```
'123456789'
>>> reduce(operator.add, [[1, 2], [3]], [])    #这个操作占用空间较大,慎用
[1, 2, 3]
```

（13）filter( )

内置函数 filter( )将一个单参数函数作用到一个序列上,返回该序列中使得该函数返回值为 True 的那些元素组成的 filter 对象,如果指定函数为 None,则返回序列中等价于 True 的元素。

```
>>> seq = ['foo', 'x41', '?!', '* * *']
>>> def func(x):
        return x.isalnum()                      #测试是否为字母或数字

>>> filter(func, seq)                           #返回 filter 对象
<filter object at 0x000000000305D898>
>>> list(filter(func, seq))                     #把 filter 对象转换为列表
['foo', 'x41']
```

（14）zip( )

zip( )函数用来把多个可迭代对象中的元素压缩到一起,返回一个可迭代的 zip 对象,其中每个元素都是包含原来的多个可迭代对象对应位置上元素的元组,如同拉拉链一样。

```
>>> list(zip('abcd', [1, 2, 3]))                #压缩字符串和列表
[('a', 1), ('b', 2), ('c', 3)]
>>> list(zip('123', 'abc', ',.!'))              #压缩 3 个序列
[('1', 'a', ','), ('2', 'b', '.'), ('3', 'c', '!')]
>>> x = zip('abcd', '1234')
>>> list(x)
[('a', '1'), ('b', '2'), ('c', '3'), ('d', '4')]
```

map、filter、enumerate、zip 等对象不仅具有惰性求值的特点,还有另外一个特点,即访问过的元素不可再次访问。

```
>>> x = map(str, range(10))
>>> list(x)
['0', '1', '2', '3', '4', '5', '6', '7', '8', '9']
>>> list(x)
[]
>>> x = map(str, range(10))
>>> '2' in x
```

```
True
>>>'2' in x
False
>>>'8' in x
False
```

3.8　对象的删除

在 Python 中具有自动内存管理功能,Python 解释器会跟踪所有的值,一旦发现某个值不再有任何变量指向,将会自动删除该值。

显式释放自己申请的资源是程序员的好习惯,也是程序员素养的重要体现。

在 Python 中,可以使用 del 命令来显式删除对象并解除与值之间的指向关系。删除对象时,如果其指向的值还有别的变量指向,则不删除该值;如果删除对象后该值不再有其他变量指向,则删除该值。

```
>>> x = [1,2,3,4,5,6]
>>> y = 3
>>> z = y
>>> print(y)
3
>>> del y                 #删除对象
>>> print(y)
NameError：name 'y' is not defined
>>> print(z)
3
>>> del z
>>> print(z)
NameError：name 'z' is not defined
>>> del x[1]              #删除列表中指定元素
>>> print(x)
[1, 3, 4, 5, 6]
>>> del x                 #删除整个列表
>>> print(x)
NameError：name 'x' is not defined
```

del 命令无法删除元组或字符串中的元素,只可以删除整个元组或字符串,因为这两者均属于不可变序列。

```
>>> x = (1,2,3)
>>> del x[1]
Traceback (most recent call last):
  File "<pyshell#62>", line 1, in <module>
    del x[1]
TypeError: 'tuple' object doesn't support item deletion
>>> del x
>>> print(x)
Traceback (most recent call last):
  File "<pyshell#64>", line 1, in <module>
    print(x)
NameError: name 'x' is not defined
```

3.9 基本输入输出

用 Python 进行程序设计,输入是通过 input() 函数来实现的,input() 的一般格式为:

```
x = input('提示:')
```

该函数返回输入的对象。可输入数字、字符串和其他任意类型对象。

在 Python 3.x 中,input() 函数用来接收用户的键盘输入,不论用户输入数据时使用什么界定符,input() 函数的返回结果都是字符串,需要将其转换为相应的类型再处理。

```
>>> x = input('Please input:')
Please input:3
>>> print(type(x))
<class 'str'>
>>> x = input('Please input:')
Please input:'1'
>>> print(type(x))
<class 'str'>
>>> x = input('Please input:')
Please input:[1,2,3]
>>> print(type(x))
<class 'str'>
```

Python 3.x 中使用 print() 函数进行输出。

```
>>> print(3, 5, 7)
3 5 7
>>> print(3, 5, 7, sep =',')          #指定分隔符
3,5,7
>>> print(3, 5, 7, sep =':')
3:5:7
>>> for i in range(10,20):
   print(i, end =' ')                 #不换行
10 11 12 13 14 15 16 17 18 19
```

在 Python 3.x 中则需要使用下面的方法进行重定向。

```
>>> fp = open(r'D:\mytest.txt', 'a+')
>>> print('Hello,world!', file = fp)
>>> fp.close()
```

或

```
>>> with open(r'D:\mytest.txt', 'a+') as fp:
   print('Hello,world!', file =fp)
```

【例 3.3】用户输入一个三位自然数,计算并输出其百位、十位和个位上的数字。

这个例子主要演示 Python 中算数运算符的用法。

```
x = input('请输入一个三位数:')
x = int(x)
a = x // 100
b = x // 10 % 10
c = x % 10
print(a, b, c)
```

想一想,还有别的办法吗?

还可以这样写:

```
x = input('请输入一个三位数:')
x = int(x)
a, b = divmod(x, 100)
b, c = divmod(b, 10)
print(a, b, c)
```

还可以再简单些吗?

居然可以这样?

```
x = input('请输入一个三位数:')
a, b, c = map(int, x)
print(a, b, c)
```

【例3.4】任意输入3个英文单词,按字典顺序输出。

本例中主要注意变量值的交换方法。

```
s = input('x,y,z=')
x, y, z = s.split(',')
if x > y:
    x, y = y, x
if x > z:
    x, z = z, x
if y > z:
    y, z = z, y
print(x, y, z)
```

或直接写为:

```
s = input('x,y,z=')
x, y, z = sorted(s.split(','))
print(x, y, z)
```

3.10 实验 Python 运算符、内置函数

实验目的:

①熟练运用 Python 运算符。

②熟练运用 Python 内置函数。

实验内容:

①编写程序,输入任意大的自然数,输出各位数字之和。

②编写程序,输入两个集合 setA 和 setB,分别输出它们的交集、并集和差集 setA-setB。

③编写程序,输入一个自然数,输出它的二进制、八进制、十六进制表示形式。

参考代码:

①编写程序,输入任意大的自然数,输出各位数字之和。

```
num = input('请输入一个自然数:')
print(sum(map(int, num)))
```

②编写程序,输入两个集合 setA 和 setB,分别输出它们的交集、并集和差集 setA - setB。

```
setA = eval(input('请输入一个集合:'))
setB = eval(input('再输入一个集合:'))
print('交集:', setA & setB)
print('并集:', setA | setB)
print('setA-setB:', setA - setB)
```

③编写程序,输入一个自然数,输出它的二进制、八进制、十六进制表示形式。

```
num = int(input('请输入一个自然数:'))
print('二进制:', bin(num))
print('八进制:', oct(num))
print('十六进制:', hex(num))
```

习题

1.解释 Python 中的运算符/和//的区别。

2.运算符%_____(可以、不可以)对浮点数进行求余数操作。

3.一个数字 5 _____(是、不是)合法的 Python 表达式。

4.在 Python 2.x 中,input()函数接收到的数据类型由_____确定,而在 Python 3.x 中该函数则认为接收到的用户输入数据一律为_____。

5.编写程序,用户输入一个三位以上的整数,输出其百位以上的数字。例如用户输入 1234,则程序输出 12。(提示:使用整除运算。)

模块 4　Python 序列

Python 序列类似于其他语言中的数组,但功能要强大很多。Python 中常用的序列结构有列表、元组、字符串,字典、集合以及 range 等对象也支持很多类似的操作,如图 4.1 所示。

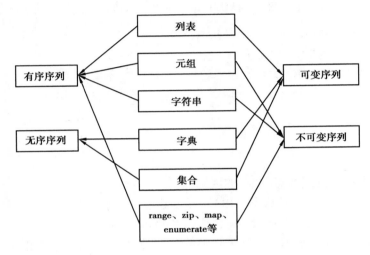

图 4.1　Python 序列

列表、元组、字符串支持双向索引,第一个元素下标为 0,第二个元素下标为 1,以此类推;最后一个元素下标为−1,倒数第二个元素下标为−2,以此类推,如图 4.2 所示。

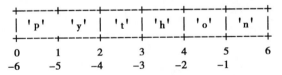

图 4.2　列表、元组、字符串支持双向索引

Python 中常用的序列结构比较见表 4.1。

表 4.1　Python 中常用的序列结构比较

	列表	元组	字典	集合
类型名称	list	tuple	dict	set
定界符	方括号[]	圆括号()	大括号{}	大括号{}
是否可变	是	否	是	是

续表

	列表	元组	字典	集合
是否有序	是	是	否	否
是否支持下标	是(使用序号作为下标)	是(使用序号作为下标)	是(使用"键"作为下标)	否
元素分隔符	逗号	逗号	逗号	逗号
对元素形式的要求	无	无	键:值	必须可哈希
对元素值的要求	无	无	"键"必须可哈希	必须可哈希
元素是否可重复	是	是	"键"不允许重复,"值"可以重复	否
元素查找速度	非常慢	很慢	非常快	非常快
新增和删除元素速度	尾部操作快、其他位置慢	不允许	快	快

4.1　列表

列表是Python中内置有序、可变序列,列表的所有元素放在一对方括号"[ ]"中,并使用逗号分隔开。

列表(list)是最重要的Python内置对象之一,是包含若干元素的有序连续内存空间。当列表增加或删除元素时,列表对象自动进行内存的扩展或收缩,从而保证相邻元素之间没有缝隙。Python列表的这个内存自动管理功能可以大幅度减少程序员的负担,但在插入和删除非尾部元素时,涉及列表中大量元素的移动,会严重影响效率。

在非尾部位置插入和删除元素时,会改变该位置后面的元素在列表中的索引,这对于某些操作可能会导致意外的错误结果。除非确实有必要,否则应尽量从列表尾部进行元素的追加与删除操作。

在形式上,列表的所有元素放在一对方括号"[ ]"中,相邻元素之间使用逗号分隔。

在Python中,同一个列表中元素的数据类型可以各不相同,可以同时包含整数、实数、字符串等基本类型的元素,也可以包含列表、元组、字典、集合、函数以及其他任意对象。

如果只有一对方括号而没有任何元素,则表示空列表。例如:

```
[10, 20, 30, 40]
['crunchy frog', 'ram bladder', 'lark vomit']
['spam', 2.0, 5, [10, 20]]
[['file1', 200,7], ['file2', 260,9]]
```

都是合法的列表对象。

Python 采用基于值的自动内存管理模式,变量并不直接存储值,而是存储值的引用或内存地址,这也是 Python 中变量可以随时改变类型的重要原因。同理,Python 列表中的元素也是值的引用,所以列表中各元素可以是不同类型的数据。

需要注意的是,列表的功能虽然非常强大,但是负担也比较重,开销较大,在实际开发中,最好根据实际问题选择一种合适的数据类型,要尽量避免过多使用列表。

列表对象常用方法见表 4.2。

表 4.2　列表对象常用方法

方法	说明
lst.append(x)	将元素 x 添加至列表 lst 尾部
lst.extend(L)	将列表 L 中所有元素添加至列表 lst 尾部
lst.insert(index, x)	在列表 lst 指定位置 index 处添加元素 x,该位置后面的所有元素后移一个位置
lst.remove(x)	在列表 lst 中删除首次出现的指定元素,该元素之后的所有元素前移一个位置
lst.pop([index])	删除并返回列表 lst 中下标为 index(默认为−1)的元素
lst.clear()	删除列表 lst 中所有元素,但保留列表对象
lst.index(x)	返回列表 lst 中第一个值为 x 的元素的下标,若不存在值为 x 的元素,则抛出异常
lst.count(x)	返回指定元素 x 在列表 lst 中的出现次数
lst.reverse()	对列表 lst 所有元素进行逆序
lst.sort(key=None, reverse=False)	对列表 lst 中的元素进行排序,key 用来指定排序依据,reverse 决定升序(False)还是降序(True)
lst.copy()	返回列表 lst 的浅复制

4.1.1　列表创建与删除

使用"="直接将一个列表赋值给变量即可创建列表对象。

```
>>> a_list = ['a', 'b', 'mpilgrim', 'z', 'example']
>>> a_list = []                              #创建空列表
```

也可以使用 list( ) 函数将元组、range 对象、字符串或其他类型的可迭代对象类型的数据转换为列表。

```
>>> list((3,5,7,9,11))                    #将元组转换为列表
[3, 5, 7, 9, 11]
>>> list(range(1, 10, 2))                  #将 range 对象转换为列表
[1, 3, 5, 7, 9]
>>> list('hello world')                    #将字符串转换为列表
['h', 'e', 'l', 'l', 'o', '', 'w', 'o', 'r', 'l', 'd']
>>> list({3,7,5})                          #将集合转换为列表
[3, 5, 7]
>>> list({'a':3, 'b':9, 'c':78})           #将字典的"键"转换为列表
['a', 'c', 'b']
>>> list({'a':3, 'b':9, 'c':78}.items())   #将字典的"键:值"对转换为列表
[('b', 9), ('c', 78), ('a', 3)]
>>> x = list()                             #创建空列表
```

当不再使用时,使用 del 命令删除整个列表,如果列表对象所指向的值不再有其他对象指向,Python 将同时删除该值。

```
>>> del a_list
>>> a_list
Traceback (most recent call last):
  File "<pyshell#6>", line 1, in <module>
    a_list
NameError: name 'a_list' is not defined
```

4.1.2　列表元素的增加

①可以使用"+"运算符将元素添加到列表中。

```
>>> aList = [3,4,5]
>>> aList = aList + [7]
>>> aList
[3, 4, 5, 7]
```

　　严格意义上讲,这并不是真的为列表添加元素,而是创建了一个新列表,并将原列表中的元素和新元素依次复制到新列表的内存空间。由于涉及大量元素的复制,该操作速度较慢,因此在涉及大量元素添加时,不建议使用该方法。

　　②使用列表对象的 append( )方法在当前列表尾部追加元素,原地修改列表,是真正意义上的在列表尾部添加元素,速度较快。

```
>>> aList.append(9)
>>> aList
[3, 4, 5, 7, 9]
```

所谓"原地",是指不改变列表在内存中的首地址。

　　Python 采用的是基于值的自动内存管理方式,当为对象修改值时,并不是真的直接修改变量的值,而是使变量指向新的值,这对于 Python 所有类型的变量都是一样的。

```
>>> a = [1,2,3]
>>> id(a)                    #返回对象的内存地址
20230752
>>> a = [1,2]
>>> id(a)
20338208
```

　　列表中包含的是元素值的引用,而不是直接包含元素值。如果是直接修改序列变量的值,则与 Python 普通变量的情况是一样的。如果是通过下标来修改序列中元素的值或通过可变序列对象自身提供的方法来增加和删除元素时,序列对象在内存中的起始地址是不变的,仅仅是被改变值的元素地址发生变化,也就是所谓的"原地操作"。

```
>>> a = [1,2,4]
>>> b = [1,2,3]
>>> a == b
False
>>> id(a) == id(b)
False
>>> id(a[0]) == id(b[0])
True
>>> a = [1,2,3]
>>> id(a)
25289752
>>> a.append(4)
>>> id(a)
25289752
```

③使用列表对象的 extend( )方法可以将另一个迭代对象的所有元素添加至该列表对象尾部。通过 extend( )方法来增加列表元素也不改变其内存首地址,属于原地操作。

```
>>> a.extend([7,8,9])
>>> a
[5, 2, 4, 7, 8, 9]
>>> id(a)
25289752
>>> aList.extend([11,13])
>>> aList
[3, 4, 5, 7, 9, 11, 13]
>>> aList.extend((15,17))
>>> aList
[3, 4, 5, 7, 9, 11, 13, 15, 17]
```

④使用列表对象的 insert( )方法将元素添加至列表的指定位置。

```
>>> aList.insert(3, 6)           #在下标为 3 的位置插入元素 6
>>> aList
[3, 4, 5, 6, 7, 9, 11, 13, 15, 17]
```

应尽量从列表尾部进行元素的增加与删除操作。

列表的 insert( )可以在列表的任意位置插入元素,但由于列表的自动内存管理功能,insert( )方法会引起插入位置之后所有元素的移动,这会影响处理速度。

⑤使用乘法来扩展列表对象,将列表与整数相乘,生成一个新列表,新列表是原列表中元素的重复。

```
>>> aList = [3,5,7]
>>> bList = aList
>>> id(aList)
57091464
>>> id(bList)
57091464
>>> aList = aList * 3
```

```
>>> aList
[3, 5, 7, 3, 5, 7, 3, 5, 7]
>>> bList
[3,5,7]
>>> id( aList)
57092680
>>> id( bList)
57091464
```

当使用 * 运算符将包含列表的列表重复并创建新列表时,并不是复制子列表值,而是复制已有元素的引用。因此,当修改其中一个值时,相应的引用也会被修改。

```
>>> x = [[None] * 2] * 3
>>> x
[[None, None], [None, None], [None, None]]
>>> x[0][0] = 5
>>> x
[[5, None], [5, None], [5, None]]
>>> x = [[1,2,3]] * 3
>>> x[0][0] = 10
>>> x
[[10, 2, 3], [10, 2, 3], [10, 2, 3]]
```

4.1.3 列表元素的删除

①使用 del 命令删除列表中的指定位置上的元素。

```
>>> a_list = [3,5,7,9,11]
>>> del a_list[1]
>>> a_list
[3, 7, 9, 11]
```

②使用列表的 pop( )方法删除并返回指定位置(默认为最后一个)上的元素,如果给定的索引超出了列表的范围,则抛出异常。

```
>>> a_list = list((3,5,7,9,11))
>>> a_list.pop( )
11
>>> a_list
[3, 5, 7, 9]
```

```
>>> a_list.pop(1)
5
>>> a_list
[3, 7, 9]
```

③使用列表对象的 remove( )方法删除首次出现的指定元素,如果列表中不存在要删除的元素,则抛出异常。

```
>>> a_list = [3,5,7,9,7,11]
>>> a_list.remove(7)
>>> a_list
[3, 5, 9, 7, 11]
```

代码编写好后,必须要经过反复测试,不能满足于几次测试结果正确。例如,下面的代码成功地删除了列表中的重复元素,执行结果是完全正确的。

```
>>> x = [1,2,1,2,1,2,1,2,1]
>>> for i in x:
    if i == 1:
        x.remove(i)
>>> x
[2, 2, 2, 2]
```

然而,上面这段代码的逻辑是错误的。同样的代码,仅仅是所处理的数据发生了一点变化,然而当循环结束后却发现并没有把所有的"1"都删除,只是删除了一部分。

```
>>> x = [1,2,1,2,1,1,1]
>>> for i in x:
    if i == 1:
        x.remove(i))
>>> x
[2, 2, 1]
```

两组数据的本质区别在于,第一组数据中没有连续的"1",而第二组数据中存在连续的"1"。出现这个问题的原因是列表的自动内存管理功能。

在删除列表元素时,Python 会自动对列表内存进行收缩并移动列表元素以保证所有元素之间没有空隙,增加列表元素时,也会自动扩展内存并对元素进行移动以保证元素之间没有空隙。每当插入或删除一个元素之后,该元素位置后面所有元素的索引就都改变了。

正确的代码:

```
>>> x = [1,2,1,2,1,1,1]
>>> for i in x[::]:                        #切片
        if i == 1:
            x.remove(i)
```

或者

```
>>> x = [1,2,1,2,1,1,1]
>>> for i in range(len(x)-1,-1,-1):        #从后往前删
        if x[i]==1:
            del x[i]
```

4.1.4　列表元素访问与计数

使用下标直接访问列表元素,如果指定下标不存在,则抛出异常。

```
>>> aList[3]
6
>>> aList[3] = 5.5
>>> aList
[3, 4, 5, 5.5, 7, 9, 11, 13, 15, 17]
>>> aList[15]
Traceback (most recent call last):
  File "<pyshell#34>", line 1, in <module>
    aList[15]
IndexError：list index out of range
```

使用列表对象的 index() 方法获取指定元素首次出现的下标,若列表对象中不存在指定元素,则抛出异常。

```
>>> aList
[3, 4, 5, 5.5, 7, 9, 11, 13, 15, 17]
>>> aList.index(7)
4
>>> aList.index(100)
Traceback (most recent call last):
  File "<pyshell#36>", line 1, in <module>
    aList.index(100)
ValueError：100 is not in list
```

使用列表对象的 count( )方法统计指定元素在列表对象中出现的次数。

```
>>> aList
[3, 4, 5, 5.5, 7, 9, 11, 13, 15, 17]
>>> aList.count(7)
1
>>> aList.count(0)
0
>>> aList.count(8)
0
```

4.1.5　成员资格判断

使用 in 关键字来判断一个值是否存在于列表中,返回结果为"True"或"False"。

```
>>> aList
[3, 4, 5, 5.5, 7, 9, 11, 13, 15, 17]
>>> 3 in aList
True
>>> 18 in aList
False
>>> bList = [[1], [2], [3]]
>>> 3 in bList
False
```

4.1.6　切片操作

切片适用于列表、元组、字符串、range 对象等类型,但作用于列表时,功能最强大。使用切片截取列表中任何成分,可得到一个新的列表。也可以通过切片来修改和删除列表中的部分元素,甚至为列表增加元素。

切片使用 2 个冒号分隔的 3 个数字来完成:

①第一个数字表示切片开始位置(默认为 0)。

②第二个数字表示切片截止(但不包含)位置(默认为列表长度)。

③第三个数字表示切片的步长(默认为 1),当步长省略时可以顺便省略最后一个冒号。

切片操作不会因为下标越界而抛出异常,而是简单地在列表尾部截断或者返回一个空列表,代码具有更强的健壮性。

```
>>> aList = [3, 4, 5, 6, 7, 9, 11, 13, 15, 17]
>>> aList[::]                          #返回包含所有元素的新列表
[3, 4, 5, 6, 7, 9, 11, 13, 15, 17]
>>> aList[::-1]                        #逆序的所有元素
[17, 15, 13, 11, 9, 7, 6, 5, 4, 3]
>>> aList[::2]                         #偶数位置,隔一个取一个
[3, 5, 7, 11, 15]
>>> aList[1::2]                        #奇数位置,隔一个取一个
[4, 6, 9, 13, 17]
>>> aList[3::]                         #从下标3开始的所有元素
[6, 7, 9, 11, 13, 15, 17]
>>> aList[3:6]                         #下标在[3,6]之间的所有元素
[6, 7, 9]
>>> aList[0:100:1]                     #前100个元素,自动截断
[3, 4, 5, 6, 7, 9, 11, 13, 15, 17]
>>> aList[100:]                        #下标100之后的所有元素,自动截断
[]
>>> aList[100]                         #直接使用下标访问会发生越界
IndexError: list index out of range
```

可以使用切片来原地修改列表内容。

```
>>> aList = [3, 5, 7]
>>> aList[len(aList):] = [9]           #在尾部追加元素
>>> aList
[3, 5, 7, 9]
>>> aList[:3] = [1, 2, 3]              #替换前3个元素
>>> aList
[1, 2, 3, 9]
>>> aList[:3] = []                     #删除前3个元素
>>> aList
[9]
>>> aList = list(range(10))
>>> aList
```

```
[0, 1, 2, 3, 4, 5, 6, 7, 8, 9]
>>> aList[::2] = [0]*5          #替换偶数位置上的元素
>>> aList
[0, 1, 0, 3, 0, 5, 0, 7, 0, 9]
>>> aList[::2] = [0]*3          #切片不连续,两个元素个数必须一样多
ValueError: attempt to assign sequence of size 3 to extended slice of size 5
```

使用 del 与切片结合来删除列表元素。

```
>>> aList = [3,5,7,9,11]
>>> del aList[:3]               #删除前 3 个元素
>>> aList
[9, 11]
>>> aList = [3,5,7,9,11]
>>> del aList[::2]              #删除偶数位置上的元素
>>> aList
[5, 9]
```

切片返回的是列表元素的浅复制。

```
>>> aList = [3, 5, 7]
>>> bList = aList              #bList 与 aList 指向同一个内存
>>> bList
[3, 5, 7]
>>> bList[1] = 8              #修改其中一个对象会影响另一个
>>> aList
[3, 8, 7]
>>> aList == bList            #两个列表的元素完全一样
True
>>> aList is bList            #两个列表是同一个对象
True
>>> id(aList)                #内存地址相同
19061816
>>> id(bList)
19061816
```

浅复制,是指生成一个新的列表,并且把原列表中所有元素的引用都复制到新列表中。如果原列表中包含列表之类的可变数据类型,由于浅复制时只是把子列表的引用复制到新列表中,这样的话修改任何一个都会影响另外一个。

```
>>> x = [1, 2, [3,4]]
>>> y = x[:]
>>> x[0] = 5
>>> x
[5, 2, [3, 4]]
>>> y
[1, 2, [3, 4]]
>>> x[2].append(6)
>>> x
[5, 2, [3, 4, 6]]
>>> y
[1, 2, [3, 4, 6]]
```

4.1.7　列表排序

使用列表对象的 sort( )方法进行原地排序,支持多种不同的排序方法。

```
>>> aList = [3, 4, 5, 6, 7, 9, 11, 13, 15, 17]
>>> import random
>>> random.shuffle(aList)
>>> aList
[3, 4, 15, 11, 9, 17, 13, 6, 7, 5]
>>> aList.sort()                        #默认是升序排序
>>> aList.sort(reverse = True)          #降序排序
>>> aList
[17, 15, 13, 11, 9, 7, 6, 5, 4, 3]
>>> aList.sort(key = lambda x:len(str(x)))   #按转换成字符串的长度排序
>>> aList
[9, 7, 6, 5, 4, 3, 17, 15, 13, 11]
```

使用内置函数 sorted( )对列表进行排序并返回新列表。

```
>>> aList
[9, 7, 6, 5, 4, 3, 17, 15, 13, 11]
>>> sorted( aList )                    #升序排序
[3, 4, 5, 6, 7, 9, 11, 13, 15, 17]
>>> sorted( aList,reverse = True )     #降序排序
[17, 15, 13, 11, 9, 7, 6, 5, 4, 3]
```

使用列表对象的 reverse( )方法将元素原地逆序。

```
>>> aList = [3, 4, 5, 6, 7, 9, 11, 13, 15, 17]
>>> aList.reverse( )
>>> aList
[17, 15, 13, 11, 9, 7, 6, 5, 4, 3]
```

4.2　元组

列表的功能虽然很强大,但负担也很重,在很大程度上影响了运行效率。有时我们并不需要那么多功能,很希望能有个轻量级的列表,元组(tuple)正是这样一种类型。

元组和列表类似,可存储不同类型的数据,如字符串、数字甚至元组。然而,元组是不可变序列,创建后不能再做任何操作。

元组的定义方式和列表相同,但定义时所有元素是放在一对圆括号中,而不是方括号中。从形式上,元组的所有元素放在一对圆括号中,元素之间使用逗号分隔,如果元组中只有一个元素,则必须在最后增加一个逗号。

4.2.1　元组的创建与删除

使用"="将一个元组赋值给变量,就可以创建一个元组变量。

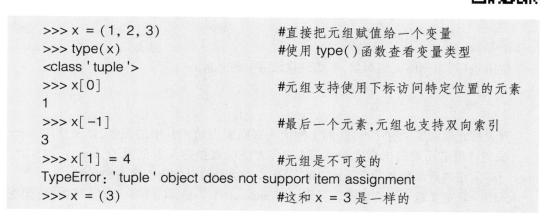

```
>>> x = (1, 2, 3)                    #直接把元组赋值给一个变量
>>> type( x )                        #使用 type( )函数查看变量类型
<class ' tuple '>
>>> x[ 0 ]                           #元组支持使用下标访问特定位置的元素
1
>>> x[ -1 ]                          #最后一个元素,元组也支持双向索引
3
>>> x[ 1 ] = 4                       #元组是不可变的
TypeError: ' tuple ' object does not support item assignment
>>> x = ( 3 )                        #这和 x = 3 是一样的
```

```
>>> x
3
>>> x = (3,)                        #如果元组中只有一个元素,必须在后面多写一个逗号
>>> x
(3,)
>>> x = ()                          #空元组
>>> x = tuple()                     #空元组
>>> tuple(range(5))                 #将其他迭代对象转换为元组
(0, 1, 2, 3, 4)
```

很多内置函数的返回值也是包含了若干元组的可迭代对象,例如 enumerate()、zip()等。

```
>>> list(enumerate(range(5)))
[(0, 0), (1, 1), (2, 2), (3, 3), (4, 4)]
>>> list(zip(range(3), 'abcdefg'))
[(0, 'a'), (1, 'b'), (2, 'c')]
```

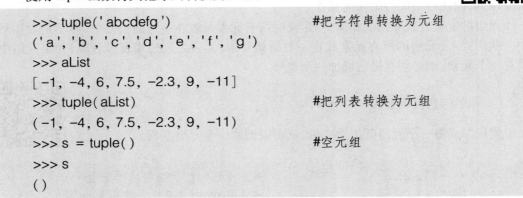

使用 tuple 函数将其他序列转换为元组。

```
>>> tuple('abcdefg')                #把字符串转换为元组
('a', 'b', 'c', 'd', 'e', 'f', 'g')
>>> aList
[-1, -4, 6, 7.5, -2.3, 9, -11]
>>> tuple(aList)                    #把列表转换为元组
(-1, -4, 6, 7.5, -2.3, 9, -11)
>>> s = tuple()                     #空元组
>>> s
()
```

使用 del 可以删除元组对象,不能删除元组中的元素。

4.2.2　元组与列表的区别

列表和元组都属于有序序列,都支持使用双向索引访问其中的元素,以及使用 count()方法统计指定元素的出现次数和 index()方法获取指定元素的索引,len()、map()、filter()等大量内置函数和"+""+=""in"等运算符也都可以作用于列表和元组。

元组一旦定义就不允许更改。元组没有 append()、extend()和 insert()等方法,无法

向元组中添加元素。

元组属于不可变(immutable)序列,不可以直接修改元组中元素的值,也无法为元组增加或删除元素。

元组也支持切片操作,但是只能通过切片来访问元组中的元素,而不允许使用切片来修改元组中元素的值,也不支持使用切片操作来为元组增加或删除元素。

Python 的内部实现对元组做了大量优化,访问速度比列表更快。如果定义了一系列常量值,主要用途仅是对它们进行遍历或其他类似用途,而不需要对其元素进行任何修改,那么一般建议使用元组而不用列表。

元组在内部实现上不允许修改其元素值,从而使得代码更加安全。例如,调用函数时,使用元组传递参数可以防止在函数中修改元组,而使用列表则很难保证这一点。

从效果上看,tuple( )冻结列表,而 list( )融化元组。

元组的优点:

①元组的速度比列表更快。如果定义了一系列常量值,而所需做的仅是对它进行遍历,一般使用元组而不用列表。元组对不需要改变的数据进行"写保护",使得代码更加安全。

②元组可用作字典的"键",也可以作为集合的元素。列表永远不能当作字典键使用,也不能作为集合的元素,因为列表是可变的。

4.2.3　序列解包

可以使用序列解包功能对多个变量同时赋值。

```
>>> x, y, z = 1, 2, 3              #多个变量同时赋值
>>> v_tuple = (False, 3.5, 'exp')
>>> (x, y, z) = v_tuple
>>> x, y, z = v_tuple
>>> x, y, z = range(3)            #可以对 range 对象进行序列解包
>>> x, y, z = iter([1, 2, 3])     #使用迭代器对象进行序列解包
>>> x, y, z = map(str, range(3))  #使用可迭代的 map 对象进行序列解包
>>> a, b = b, a                   #交换两个变量的值
>>> x, y, z = sorted([1, 3, 2])   #sorted()函数返回排序后的列表
>>> a, b, c = 'ABC'               #字符串也支持序列解包
>>> x = [1, 2, 3, 4, 5, 6]
>>> x[:3] = map(str, range(5))    #切片也支持序列解包
>>> x
['0', '1', '2', '3', '4', 4, 5, 6]
```

序列解包对于列表和字典同样有效。

```
>>> s = {'a':1, 'b':2, 'c':3}
>>> b, c, d = s.items()
>>> b
('c', 3)
>>> b, c, d = s                    #使用字典时不用太多考虑元素的顺序
>>> b
'c'
>>> b, c, d = s.values()
>>> print(b, c, d)
1 3 2
```

序列解包遍历多个序列。

```
>>> keys = ['a', 'b', 'c', 'd']
>>> values = [1, 2, 3, 4]
>>> for k, v in zip(keys, values):
    print((k, v), end=' ')
('a', 1) ('b', 2) ('c', 3) ('d', 4)
```

使用序列解包遍历 enumerate 对象。

```
>>> x = ['a', 'b', 'c']
>>> for i, v in enumerate(x):
    print('The value on position {0} is {1}'.format(i, v))
The value on position 0 is a
The value on position 1 is b
The value on position 2 is c
>>> aList = [1,2,3]
>>> bList = [4,5,6]
>>> cList = [7,8,9]
>>> dList = zip(aList, bList, cList)
>>> for index, value in enumerate(dList):
    print(index, ':', value)
```

```
0 : (1, 4, 7)
1 : (2, 5, 8)
2 : (3, 6, 9)
```

Python 3.5 还支持下面用法的序列解包：

```
>>> print( *[1, 2, 3], 4, *(5, 6))
1 2 3 4 5 6
>>> *range(4),4
(0, 1, 2, 3, 4)
>>> {*range(4), 4, *(5, 6, 7)}
{0, 1, 2, 3, 4, 5, 6, 7}
>>> {'x': 1, **{'y': 2}}
{'y': 2, 'x': 1}
```

4.3　字典

字典（dictionary）是包含若干"键:值"元素的无序可变序列，字典中的每个元素包含用冒号分隔开的"键"和"值"两部分，表示一种映射或对应关系，也称关联数组。定义字典时，每个元素的"键"和"值"之间用冒号分隔，不同元素之间用逗号分隔，所有的元素放在一对大括号"{}"中。

字典中元素的"键"可以是 Python 中任意不可变数据，例如整数、实数、复数、字符串、元组等类型可哈希数据，但不能使用列表、集合、字典或其他可变类型作为字典的"键"。另外，字典中的"键"不允许重复，而"值"是可以重复的。

globals( )返回包含当前作用域内所有全局变量和值的字典。

locals( )返回包含当前作用域内所有局部变量和值的字典。

4.3.1　字典的创建与删除

使用=将一个字典赋值给一个变量。

```
>>> a_dict = {'server': 'db.diveintopython3.org', 'database': 'mysql'}
>>> a_dict
{'database': 'mysql', 'server': 'db.diveintopython3.org'}
>>> x = {}                          #空字典
>>> x
{}
```

使用 dict 利用已有数据创建字典。

```
>>> keys = ['a', 'b', 'c', 'd']
>>> values = [1, 2, 3, 4]
>>> dictionary = dict(zip(keys, values))
>>> dictionary
{'a': 1, 'c': 3, 'b': 2, 'd': 4}
>>> x = dict()  #空字典
>>> x
{}
```

使用 dict 根据给定的键、值创建字典。

```
>>> d = dict(name='Dong', age=37)
>>> d
{'age': 37, 'name': 'Dong'}
```

以给定内容为键，创建值为空的字典。

```
>>> adict = dict.fromkeys(['name', 'age', 'sex'])
>>> adict
{'age': None, 'name': None, 'sex': None}
```

可以使用 del 删除整个字典。

4.3.2　字典元素的读取

以键作为下标可以读取字典元素，若键不存在，则抛出异常。

```
>>> aDict = {'name':'Dong', 'sex':'male', 'age':37}
>>> aDict['name']
'Dong'
>>> aDict['tel']                        #键不存在，抛出异常
Traceback (most recent call last):
  File "<pyshell#53>", line 1, in <module>
    aDict['tel']
KeyError: 'tel'
```

使用字典对象的 get 方法获取指定键对应的值，并且可以在键不存在的时候返回指定值。

```
>>> print( aDict.get(' address ') )
None
>>> print( aDict.get(' address ', ' SDIBT ') )
SDIBT
>>> aDict[' score '] = aDict.get(' score ',[ ])
>>> aDict[' score '].append( 98)
>>> aDict[' score '].append( 97)
>>> aDict
{' age ': 37, ' score ': [ 98, 97], ' name ': ' Dong ', ' sex ': ' male '}
```

　　使用字典对象的 items( )方法可以返回字典的键-值对。使用字典对象的 keys( )方法可以返回字典的键。使用字典对象的 values( )方法可以返回字典的值。

```
>>> aDict = {' name ':' Dong ', ' sex ':' male ', ' age ':37}
>>> for item in aDict.items( ):          #输出字典中所有元素
      print( item)
(' name ', ' Dong ')
(' sex ', ' male ')
(' age ', 37)
>>> for key in aDict:                     #不加特殊说明,默认输出键
      print( key)
name
sex
age
>>> for key, value in aDict.items( ):    #序列解包用法
      print( key, value)
name Dong
sex male
age 37
>>> aDict.keys( )                          #返回所有键
dict_keys([' name ', ' sex ', ' age '])
>>> aDict.values( )                        #返回所有值
dict_values([' Dong ', ' male ', 37])
```

4.3.3　字典元素的添加与修改

当以指定键为下标给字典赋值时:①若键存在,则可以修改该键的值;②若不存在,则表示添加一个键-值对。

```
>>> aDict['age'] = 38                    #修改元素值
>>> aDict
{'age': 38, 'name': 'Dong', 'sex': 'male'}
>>> aDict['address'] = 'SDIBT'           #增加新元素
>>> aDict
{'age': 38, 'address': 'SDIBT', 'name': 'Dong', 'sex': 'male'}
```

使用字典对象的 update( )方法将另一个字典的键-值对添加到当前字典对象。

```
>>> aDict
{'age': 37, 'score': [98, 97], 'name': 'Dong', 'sex': 'male'}
>>> aDict.items()
dict_items([('age', 37), ('score', [98, 97]), ('name', 'Dong'), ('sex', 'male')])
>>> aDict.update({'a':'a','b':'b'})
>>> aDict
{'a': 'a', 'score': [98, 97], 'name': 'Dong', 'age': 37, 'b': 'b', 'sex': 'male'}
```

使用 del 删除字典中指定键的元素。使用字典对象的 clear( )方法来删除字典中所有元素。使用字典对象的 pop( )方法删除并返回指定键的元素。使用字典对象的 popitem( )方法删除并返回字典中的一个元素。

4.3.4　字典应用案例

首先生成包含 1 000 个随机字符的字符串,然后统计每个字符出现的次数。

```
>>> import string
>>> import random
>>> x = string.ascii_letters + string.digits\
        + string.punctuation
>>> y = [random.choice(x) for i in range(1000)]
>>> z = ''.join(y)
>>> d = dict()                    #使用字典保存每个字符出现的次数
>>> for ch in z:
    d[ch] = d.get(ch, 0) + 1
```

也可以使用 collections 模块的 defaultdict 类来实现。

```
>>> from collections import defaultdict
>>> frequences = defaultdict(int)
>>> frequences
defaultdict(<type 'int'>, {})
>>> for item in z:
        frequences[item] += 1
>>> frequences.items()
```

使用 collections 模块的 Counter 类可以快速实现这个功能,并且提供更多功能,例如查找出现次数最多的元素。

```
>>> from collections import Counter
>>> frequences = Counter(z)
>>> frequences.items()
>>> frequences.most_common(1)          #出现次数最多的一个字符
[('A', 22)]
>>> frequences.most_common(3)
[('A', 22), (';', 18), ('"', 17)]
```

Counter 对象用法示例:

```
>>> cnt = Counter()
>>> for word in ['red', 'blue', 'red', 'green', 'blue', 'blue']:
        cnt[word] += 1
>>> cnt
Counter({'blue': 3, 'red': 2, 'green': 1})
>>> import re
>>> words = re.findall(r'\w+', open('hamlet.txt').read().lower())
>>> Counter(words).most_common(10)      #出现次数最多的 10 个单词
```

4.3.5 有序字典

Python 内置字典是无序的,如果需要一个可以记住元素插入顺序的字典,可以使用 collections.OrderedDict。

```
>>> x = dict( )                                         #无序字典
>>> x['a'] = 3
>>> x['b'] = 5
>>> x['c'] = 8
>>> x
{'b': 5, 'c': 8, 'a': 3}
>>> import collections
>>> x = collections.OrderedDict( )                      #有序字典
>>> x['a'] = 3
>>> x['b'] = 5
>>> x['c'] = 8
>>> x
OrderedDict([('a', 3), ('b', 5), ('c', 8)])
```

4.4 集合

集合是无序、可变序列,使用一对大括号"{}"界定,元素不可重复,同一个集合中每个元素都是唯一的。集合中只能包含数字、字符串、元组等不可变类型(或者说可哈希)的数据,而不能包含列表、字典、集合等可变类型的数据。

4.4.1 集合的创建与删除

直接将集合赋值给变量即可创建一个集合对象。

```
>>> a = {3, 5}
>>> a.add(7)                                            #向集合中添加元素
>>> a
{3, 5, 7}
```

使用 set 将其他类型数据转换为集合。

```
>>> a_set = set(range(8,14))
>>> a_set
{8, 9, 10, 11, 12, 13}
>>> b_set = set([0, 1, 2, 3, 0, 1, 2, 3, 7, 8])         #自动去除重复
>>> b_set
{0, 1, 2, 3, 7, 8}
>>> c_set = set( )                                      #空集合
>>> c_set
set( )
```

当不再使用某个集合时,可以使用 del 命令删除整个集合。集合对象的 pop( )方法弹出并删除其中一个元素,remove( )方法直接删除指定元素,clear( )方法清空集合。

```
>>> a = {1, 4, 2, 3}
>>> a.pop( )
1
>>> a.pop( )
2
>>> a
{3, 4}
>>> a.add( 2 )
>>> a
{2, 3, 4}
>>> a.remove( 3 )
>>> a
{2, 4}
```

4.4.2　集合操作

Python 集合支持交集、并集、差集等运算。

```
>>> a_set = set( [8, 9, 10, 11, 12, 13] )
>>> b_set = {0, 1, 2, 3, 7, 8}
>>> a_set | b_set                           #并集
{0, 1, 2, 3, 7, 8, 9, 10, 11, 12, 13}
>>> a_set.union( b_set )                     #并集
{0, 1, 2, 3, 7, 8, 9, 10, 11, 12, 13}
>>> a_set & b_set                           #交集
{8}
>>> a_set.intersection( b_set )              #交集
{8}
>>> a_set.difference( b_set )                #差集
{9, 10, 11, 12, 13}
>>> a_set − b_set
{9, 10, 11, 12, 13}
>>> a_set.symmetric_difference( b_set )      #对称差集
{0, 1, 2, 3, 7, 9, 10, 11, 12, 13}
```

```
>>> a_set ^ b_set
{0, 1, 2, 3, 7, 9, 10, 11, 12, 13}
>>> x = {1, 2, 3}
>>> y = {1, 2, 5}
>>> z = {1, 2, 3, 4}
>>> x.issubset(y)                    #测试是否为子集
False
>>> x.issubset(z)
True
>>> {3} & {4}
set( )
>>> {3}.isdisjoint({4})              #如果两个集合的交集为空,返回 True
True
```

集合包含关系测试。

```
>>> x = {1, 2, 3}
>>> y = {1, 2, 5}
>>> z = {1, 2, 3, 4}
>>> x < y                            #比较集合大小/包含关系
False
>>> x < z                            #真子集
True
>>> y < z
False
>>> {1, 2, 3} <= {1, 2, 3}           #子集
True
```

使用集合快速提取序列中单一元素。

```
>>> import random
>>> listRandom = [random.choice(range(10000)) for i in range(100)]
>>> noRepeat = [ ]
>>> for i in listRandom :
    if i not in noRepeat :
        noRepeat.append(i)
>>> len(listRandom)
>>> len(noRepeat)

>>> newSet = set(listRandom)
```

4.4.3　集合运用案例

【例4.1】生成不重复随机数的效率比较。

```python
import random
import time
def RandomNumbers(number, start, end):
    '''使用列表来生成 number 个介于 start 和 end 之间的不重复随机数'''
    data = [ ]
    n = 0
    while True:
        element = random.randint(start, end)
        if element not in data:
            data.append(element)
            n += 1
        if n == number - 1:
            break
    return data
def RandomNumbers1(number, start, end):
    '''使用列表来生成 number 个介于 start 和 end 之间的不重复随机数'''
    data = [ ]
    while True:
        element = random.randint(start, end)
        if element not in data:
            data.append(element)
        if len(data) == number:
            break
    return data
def RandomNumbers2(number, start, end):
    '''使用集合来生成 number 个介于 start 和 end 之间的不重复随机数'''
    data = set( )
    while True:
        data.add(random.randint(start, end))
        if len(data) == number:
            break
    return data
```

```
start = time.time()
for i in range(10000):
    RandomNumbers(50, 1, 100)
print('Time used:', time.time()-start)
start = time.time()
for i in range(10000):
    RandomNumbers1(50, 1, 100)
print('Time used:', time.time()-start)
start = time.time()
for i in range(10000):
    RandomNumbers2(50, 1, 100)
print('Time used:', time.time()-start)
```

【补充案例1】假设已有若干用户名字及其喜欢的电影清单,现有某用户,已看过并喜欢一些电影,现在想找个新电影看看,又不知道看什么好。

思路:根据已有数据,查找与该用户爱好最相似的用户,也就是看过并喜欢的电影与该用户最接近,然后从那个用户喜欢的电影中选取一个当前用户还没看过的电影,进行推荐。

```
from random import randrange
# 其他用户喜欢看的电影清单
data = {'user'+str(i):{'film'+str(randrange(1, 10))\
                    for j in range(randrange(15))}\
        for i in range(10)}
# 待测用户曾经看过并感觉不错的电影
user = {'film1', 'film2', 'film3'}
# 查找与待测用户最相似的用户和Ta喜欢看的电影
similarUser, films = max(data.items(),\
                    key=lambda item: len(item[1]&user))
print('历史数据:')
for u, f in data.items():
    print(u, f, sep=':')
print('和您最相似的用户是:', similarUser)
print('Ta最喜欢看的电影是:', films)
print('Ta看过的电影中您还没看过的有:', films-user)
```

某次运行结果
历史数据：

```
user0:{'film5'}
user1:{'film5'}
user2:{'film1','film6','film2','film4','film3','film7'}
user3:{'film1','film9','film6','film2','film8','film3','film7'}
user4:{'film1','film9','film6','film4','film5','film3','film7'}
user5:{'film1','film9','film6','film2','film3'}
user6:{'film1','film6','film2','film8','film5','film3','film7'}
user7:{'film2','film6','film5','film7'}
user8:{'film9','film2','film4','film3','film7'}
user9:set()
```

和您最相似的用户是：user2

Ta 最喜欢看的电影是：{'film1','film6','film2','film4','film3','film7'}

Ta 看过的电影中您还没看过的有：{'film7','film4','film6'}

【补充案例2】过滤无效书评。

很多人喜欢爬取书评，然后选择自己喜欢的书或者其他读者评价较高的书，这是一个非常好的思路，也是非常明智的做法。然而，并不是每个消费者都会认真留言评论，也有部分消费者可能会复制几个简单的句子或词作为评论。在爬取到原始书评之后，可能需要进行简单的处理和过滤，这时就需要制定一个过滤的标准进行预处理，这也是数据处理与分析的关键内容之一。

在下面的代码中，采用了一个最简单的规则：正常书评中，重复的字应该不会超过一定的比例。

```
comments = ['这是一本非常好的书,作者用心了',
            '作者大大辛苦了',
            '好书,感谢作者提供了这么多的好案例',
            '书在运输的路上破损了,我好悲伤。。。',
            '为啥我买的书上有菜汤。。。。',
            '啊啊啊啊啊啊,我怎么才发现这么好的书啊,相见恨晚',
            '书的质量有问题啊,怎么会开胶呢??????',
            '好好好好好好好好好好好',
            '好难啊看不懂好难啊看不懂好难啊看不懂',
            '书的内容很充实',
            '你的书上好多代码啊,不过想想也是,编程的书嘛,肯定代码多一些',
```

'书很不错!! 一级棒!! 买书就上当当,正版,价格又实惠,让人放心!!!',

'无意中来到你小铺就淘到心意的宝贝,心情不错!',

'送给朋友的、很不错',

'这是一本好书,讲解内容深入浅出又清晰明了,推荐给所有喜欢阅读的朋友同好们。']

```
    rule = lambda s:len(set(s))/len(s)>0.5
    result = filter(rule, comments)
    print('原始书评:')
    for comment in comments:
        print(comment)
    print('=' * 30)
    print('过滤后的书评:')
    for comment in result:
        print(comment)
```

习题

1.为什么应尽量从列表的尾部进行元素的增加与删除操作?

2.编写程序,生成包含 1 000 个 0 到 100 之间的随机整数,并统计每个元素的出现次数。

3.表达式"[3] in [1,2,3,4]"的值为_____。

4.编写程序,用户输入一个列表和 2 个整数作为下标,然后输出列表中介于 2 个下标之间的元素组成的子列表。例如用户输入[1,2,3,4,5,6]和2,5,程序输出[3,4,5,6]。

5.列表对象的 sort( )方法用来对列表元素进行原地排序,该方法的返回值为_____。

6.列表对象的_____方法删除首次出现的指定元素,如果列表中不存在要删除的元素,则抛出异常。

7.设计一个字典,并编写程序,用户输入内容作为键,然后输出字典中对应的值,如果用户输入的键不存在,则输出"您输入的键不存在!"

8.编写程序,生成包含 20 个随机数的列表,然后将前 10 个元素升序排列,后 10 个元素降序排列,并输出结果。

9.在 Python 中,字典和集合都是用一对_____作为定界符,字典的每个元素有两部分组成,即_____和_____,其中_____不允许重复。

10.使用字典对象的_____方法可以返回字典的"键-值对"列表,使用字典对象的_____方法可以返回字典的"键"列表,使用字典对象的_____方法可以返回字典的"值"列表。

11.假设有列表 a = ['name','age','sex'] 和 b = ['Dong',38,'Male'],请使用一个语句将这两个列表的内容转换为字典,并且以列表 a 中的元素为键,以列表 b 中的元素为值,这个语句可以写为_____。

12.假设有一个列表 a,现要求从列表 a 中每 3 个元素取 1 个,并且将取到的元素组成新的列表 b,可以使用语句_____。

13._____使用 del 命令来删除元组中的部分元素。

模块 5　流程控制

在 Python 中，程序的执行有自己的流程，通常可以分为 3 种基本流程，即顺序、选择和循环。程序代码从上往下顺序执行的结构称为顺序；通过判断某个条件是否成立来决定选择执行某段程序的要用到选择结构；某段代码需要重复多次执行的只有使用循环结构，才可以减少源程序重复书写的麻烦，充分发挥计算机的特长。

有了合适的数据类型和数据结构之后，还要依赖于选择和循环结构来实现特定的业务逻辑。一个完整的选择结构或循环结构可以看作一个大的"语句"，从这个角度来讲，程序中的多条"语句"是顺序执行的。

5.1　条件表达式

条件表达式中可以使用的所有运算符包括：
- 算术运算符：+、-、*、/、//、%、**
- 关系运算符：>、<、= =、<=、>=、! =
- 测试运算符：in、not in、is、is not
- 逻辑运算符：and、or、not，注意短路求值
- 位运算符：~ 、&、|、^、<<、>>
- 矩阵乘法运算符：@

Python 中的关系运算符可以连续使用，这样不仅可以减少代码量，也比较符合人类的思维方式。

```
>>> print(1<2<3)              #等价于 1<2 and 2<3
True
>>> print(1<2>3)
False
>>> print(1<3>2)
True
```

在 Python 语法中，条件表达式中不允许使用赋值运算符" = "，避免了误将关系运算符" = ="写作赋值运算符" = "带来的麻烦。在条件表达式中使用赋值运算符" = "将抛出异常，提示语法错误。

```
>>> if a=3:                   #条件表达式中不允许使用赋值运算符
SyntaxError：invalid syntax
>>> if (a=3) and (b=4):
SyntaxError：invalid syntax
```

在选择和循环结构中,条件表达式的值只要不是 False、0(或 0.0、0j 等)、空值 None、空列表、空元组、空集合、空字典、空字符串、空 range 对象或其他空迭代对象,Python 解释器均认为与 True 等价。从这个意义上来讲,几乎所有的 Python 合法表达式都可以作为条件表达式,包括含有函数调用的表达式。例如:

```
>>> if 3:                    #使用整数作为条件表达式
    print(5)
5
>>> a = [1, 2, 3]
>>> if a:                    #使用列表作为条件表达式
    print(a)
[1, 2, 3]
>>> a = []
>>> if a:
    print(a)
else:
    print('empty')
empty
>>> i = s = 0
>>> while i <= 10:           #使用关系表达式作为条件表达式
    s += i
    i += 1
>>> print(s)
55
>>> i = s = 0
>>> while True:              #使用常量 True 作为条件表达式
    s += i
    i += 1
    if i > 10:
        break
>>> print(s)
55
>>> s = 0
>>> for i in range(0, 11, 1):   #遍历迭代对象中的所有元素
    s += i
>>> print(s)
55
```

逻辑运算符 and 和 or 以及关系运算符具有惰性求值特点,只计算必须计算的表达式的值。以"and"为例,对于表达式"表达式 1 and 表达式 2"而言,如果"表达式 1"的值为"False"或其他等值时,不论"表达式 2"的值是什么,整个表达式的值都是"False",此时"表达式 2"的值无论是什么都不影响整个表达式的值,因此将不会被计算,从而减少不必要的计算和判断。

在设计条件表达式时,如果能够大概预测不同条件失败的概率,并将多个条件根据"and"和"or"运算的短路求值特性来组织先后顺序,可以大幅度提高程序运行效率。

```
>>> def Join( chList, sep =None):
    return ( sep or ',').join( chList)
>>> chTest = ['1', '2', '3', '4', '5']
>>> Join( chTest)
'1,2,3,4,5'
>>> Join( chTest, ':')
'1:2:3:4:5'
>>> Join( chTest, '')
'1 2 3 4 5'
```

在 Python 中,条件表达式中不允许使用赋值运算符"="。

```
>>> if a=3:
SyntaxError: invalid syntax
>>> if ( a=3) and ( b=4):
SyntaxError: invalid syntax
```

5.2　选择结构

所谓判断,指的是只有满足某个条件才有资格做某件事情,如果不满足条件,是不允许做的,这就是选择结构最基本的执行流程。Python 提供了多种判断语句:基本 if 语句、if-else 语句、elif 语句以及 if 结构的嵌套。

5.2.1　单分支选择结构

if 语句构成了最简单的单分支选择结构,其流程图见图 5.1,其中表达式后面的冒号":"是不可缺少的。

if 表达式:
　　语句块

当表达式值为 True 或其他等价值时,表示条件成立,语句块将被执行,否则该语句块将不被执行。其流程图如图 5.1 所示。

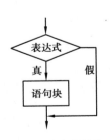

图 5.1　单分支结构流程图

```
x = input('Input two number:')
a, b = map(int, x.split())
if a > b:
  a, b = b, a          #序列解包,交换两个变量的值
print(a, b)
>>> chTest = ['1', '2', '3', '4', '5']
>>> if chTest:
    print(chTest)
else:
    print('Empty')
['1', '2', '3', '4', '5']
```

【例5.1】求输入的两个整数中的最大值。

1)分析

①创建两个变量,保存用户输入的两个整数;

②先将第一个整数默认为最大值;

③判断第二个整数是否比第一个整数大,若是,则第二个整数为最大值;

④输出结果。

2)实施

```
x1 =input('请输入整数 x1:')
x2 =input('请输入整数 x2:')
max =x1
if(x2>max):
        max =x2
print('最大值 =',max)
```

运行结果如图5.2所示。

图5.2 【例5.1】运行结果

3)拓展

输入两个整数,按从大到小的顺序输出这两个整数。

```
x1=input('请输入整数 x1:')
x2=input('请输入整数 x2:')
if(x2>x1) :
    t=x1
    x1=x2
    x2=t
print(x1,x2)
```

运行结果如图5.3所示。

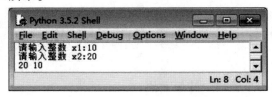

图 5.3　拓展的运行结果

5.2.2　双分支选择结构

if-else 语句构成了双分支选择结构,其语法格式为:

if 表达式:

　　　　语句块 1

else:

　　　　语句块 2

当表达式值为 True 或其他等价值时,表示条件成立,执行语句块 1,否则执行语句块 2。其流程图如图5.4所示。

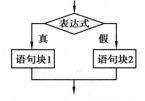

图 5.4　双分支结构流程图

【例 5.2】判断输入数据的奇偶性。

1)分析

①创建一个变量,保存用户输入的整数;

②使用双分支选择结构判断该数能否被 2 整除;

③如果条件成立,则输出该数为偶数,否则输出该数为奇数。

2)必备知识

int( ) 整数转换函数:

函数 int(i)可将对象 i 转换为整数,失败时会产生 ValueError 异常;如果 i 的数据类型不支持到整数的转换,就会产生 TypeError 异常;如果 i 是一个浮点数,就会截取其整数部分。例如:

```
>>> x=input('请输入整数 x:')
```

请输入整数 x:12

```
>>> y =input('请输入整数 y:')
```

请输入整数 y:34

```
>>> x+y
'1234'
```

在 Python 3.x 中,input 默认接收到的都是字符串类型,因此,x+y 计算出的并不是两个整数的和,而是两个字符串的连接。因此,要得到正确的结果,需要使用 int( )函数将字符串转换成整数。

```
>>> int(x) +int(y)
46
```

3)实施

```
x=input('请输入整数 x:')
if(int(x) %2 = =0):
    print(x,'是偶数')
else:
    print(x,'是奇数')
```

Python 还支持如下形式的表达式:

value1 if condition else value2

当条件表达式 condition 的值与 True 等价时,表达式的值为 value1,否则表达式的值为 value2。另外,在 value1 和 value2 中还可以使用复杂表达式,包括函数调用和基本输出语句。这个结构的表达式也具有惰性求值的特点。

```
>>> a = 5
>>> print(6) if a>3 else print(5)
6
>>> print(6 if a>3 else 5)
6
>>> b = 6 if a>13 else 9
>>> b
9
```

#此时还没有导入 math 模块

```
>>> x = math.sqrt(9) if 5>3 else random.randint(1, 100)
NameError: name 'math' is not defined
>>> import math
```

#此时还没有导入 random 模块,但由于条件表达式 5>3 的值为 True,所以可以正常运行

```
>>> x = math.sqrt( 9 ) if 5>3 else random.randint( 1 ,100)
```

#此时还没有导入 random 模块,由于条件表达式 2>3 的值为 False,需要计算第二个表达式的值,因此出错

```
>>> x = math.sqrt( 9 ) if 2>3 else random.randint( 1, 100)
NameError：name ' random ' is not defined
>>> import random
>>> x = math.sqrt( 9 ) if 2>3 else random.randint( 1, 100)
```

5.2.3　多分支选择结构

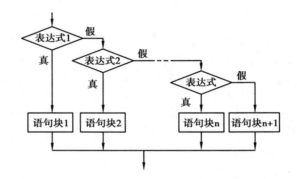

图 5.5　多分支结构流程图

if-elif 语句构成了多分支选择结构,该结构提供了更多的选择,可以实现更为复杂的业务逻辑。其语法格式为(其中,关键字 elif 是 else if 的缩写)：

if 表达式 1：
语句块 1
elif 表达式 2：
语句块 2
　　　　……
elif 表达式 n：
　　　　语句块 n
　　else：
语句块 n+1

【例 5.3】将百分制成绩转换成五等级制。

1)分析

①创建一个变量,保存用户输入的百分制成绩;

②使用多分支选择结构,从上到下依次判断该成绩满足哪一个分数段的条件;

③如果某个条件成立,则输出对应的成绩等级。

2）实施

```
score =input('请输入你的成绩(0~100):')
si =int( score)
if si>=90：
    print("优")
elif si>=80：
    print("良")
elif si>=70：
    print("中")
elif si>=60：
    print("及格")
else：
    print("不及格")
```

5.2.4　选择结构的嵌套

比较复杂的实际情况下，某个条件又可以分为更为详细的子条件，这时可以使用选择结构的嵌套方式来实现逻辑关系。选择结构的嵌套形式如下：

if 表达式1：
　　语句块1
　　if 表达式2：
　　　　语句块2
else：
　　　　语句块3
　　　else：
if 表达式4：
语句块4

使用嵌套结构时，一定要严格控制不同级别代码块的缩进量，因为这决定了不同代码块的从属关系以及业务逻辑能否被实现。

注意：缩进必须要正确并且一致。

【例5.4】具有纠错功能的成绩等级判断程序。

1）分析

①创建一个变量，保存用户输入的百分制成绩；

②使用双分支选择结构判断该成绩是否为合法数据，即是否在0~100；若是，则进一步判断该成绩的等级，若不是，则输出警告信息；

③需要判断成绩等级的地方使用多分支选择结构，从上到下依次判断该成绩满足哪

一个分数段的条件；如果某个条件成立，则输出对应的成绩等级。

2）实施

```
score =input('请输入你的成绩（0~100）:')
si =int( score)
if   si<0 or si>100:
    print("输入错误！请输入 0~100 的成绩！")
else:
    if si>=90:
        print("优")
    elif si>=80:
        print("良")
    elif si>=70:
        print("中")
    elif si>=60:
        print("及格")
    else:
        print("不及格")
```

5.2.5 构建跳转表实现多分支选择结构

使用列表、元组或字典可以很容易构建跳转表，在某些场合下可以更快速地实现类似于多分支选择结构的功能。

```
funcDict = {'1':lambda:print('You input 1'),
            '2':lambda:print('You input 2'),
            '3':lambda:print('You input 3')}
x = input('Input an integer to call different function:')
func = funcDict.get(x, None)
if func:
  func()
else:
  print('Wrong integer.')
```

5.2.6 选择结构应用

【例 5.5】面试资格确认。

```
age = 24
subject = "计算机"
college = "非重点"
if ( age > 25 and subject = = "电子信息工程") or \
  ( college = = "重点" and subject = = "电子信息工程") or\
  ( age<=28 and subject = = "计算机"):
    print("恭喜,你已获得我公司的面试机会!")
else:
    print("抱歉,你未达到面试要求")
```

【例5.6】用户输入若干个分数,求所有分数的平均分。每输入一个分数后询问是否继续输入下一个分数,回答"yes"就继续输入下一个分数,回答"no"就停止输入分数。

```
numbers = []                              #使用列表存放临时数据
while True:
    x = input('请输入一个成绩:')
    try:                                  #异常处理结构
        numbers.append(float(x))
    except:
        print('不是合法成绩')
    while True:
        flag = input('继续输入吗? (yes/no)').lower()
        if flag not in ('yes', 'no'):     #限定用户输入内容必须为yes或no
            print('只能输入yes或no')
        else:
            break
    if flag == 'no':
        break
print(sum(numbers)/len(numbers))
```

【例5.7】编写程序,判断今天是今年的第几天。

```
import time

date = time.localtime()                   #获取当前日期时间
year, month, day = date[:3]
day_month = [31, 28, 31, 30, 31, 30, 31, 31, 30, 31, 30, 31]

if year%400 == 0 or (year%4 == 0 and year%100! = 0):
                                          #判断是否为闰年
```

```
        day_month[1] = 29

if month == 1：
    print(day)
else：
    print(sum(day_month[:month-1])+day)
```

其中,闰年判断可以直接使用 calendar 模块的方法。

```
>>> calendar.isleap(2016)
True
>>> calendar.isleap(2015)
False
```

或者使用下面的方法直接计算今天是今年的第几天。

```
>>> datetime.date.today().timetuple().tm_yday
208
>>> datetime.date(2015,7,25).timetuple().tm_yday
206
```

也可以使用 datetime 模块提供的功能来计算。

```
>>> today = datetime.date.today()
>>> today
datetime.date(2015, 7, 27)
>>> firstDay = datetime.date(today.year,1,1)
>>> firstDay
datetime.date(2015, 1, 1)
>>> daysDelta = today-firstDay + datetime.timedelta(days=1)
>>> daysDelta.days
208
```

datetime 还提供了其他功能。

```
>>> now = datetime.datetime.now()
>>> now
datetime.datetime(2015, 12, 6, 16, 1, 6, 313898)
>>> now.replace(second=30)                    #替换日期时间中的秒
datetime.datetime(2015, 12, 6, 16, 1, 30, 313898)
>>> now+datetime.timedelta(days=5)            #计算5天后的日期时间
```

```
datetime.datetime(2015, 12, 11, 16, 1, 6, 313898)
>>> now + datetime.timedelta(weeks = -5)          #计算 5 周前的日期时间
datetime.datetime(2015, 11, 1, 16, 1, 6, 313898)
```

计算两个日期之间相差多少天。

```
def daysBetween(year1, month1, day1,
                year2, month2, day2):
    from datetime import date
    dif = date(year1, month1, day1)
    dif = dif - date(year2, month2, day2)
    return dif.days


print(daysBetween(2016, 12, 11, 2016, 11, 27))
print(daysBetween(2016, 12, 11, 2011, 11, 27))
```

5.3 循环结构

5.3.1 for 循环与 while 循环

Python 提供了两种基本的循环结构语句——while 和 for。while 循环一般用于循环次数难以提前确定的情况,也可以用于循环次数确定的情况。for 循环一般用于循环次数可以提前确定的情况,尤其是用于枚举序列或迭代对象中的元素。编程时,一般优先考虑使用 for 循环。

对于带有 else 子句的循环结构,如果循环因为条件表达式不成立或序列遍历结束而自然结束时,则执行 else 结构中的语句,如果循环是因为执行了 break 语句而导致循环提前结束则不会执行 else 中的语句。相同或不同的循环结构之间都可以互相嵌套,实现更为复杂的逻辑。

两种循环结构的完整语法形式分别为:

while 条件表达式:

　　循环体

[else: # 如果循环是因为 break 结束的,就不执行 else 中的代码

　　else 子句代码块]

和

for 取值 in 序列或迭代对象:

　　循环体

[else：

　　else 子句代码块]

【**例** 5.8】使用循环结构遍历并输出列表中的所有元素。

```
a_list = ['a', 'b', 'mpilgrim', 'z', 'example']
for i, v in enumerate(a_list)：
    print('列表的第', i+1, '个元素是：', v)
```

5.3.2　循环结构的优化

为了优化程序以获得更高的效率和运行速度,在编写循环语句时,应尽量减少循环内部不必要的计算,将与循环变量无关的代码尽可能地提取到循环之外。对于使用多重循环嵌套的情况,应尽量减少内层循环中不必要的计算,尽可能地向外提。

优化前的代码：

```
digits = (1, 2, 3, 4)
for i in range(1000)：
    result = []
    for i in digits：
        for j in digits：
            for k in digits：
                result.append(i * 100+j * 10+k)
```

优化后的代码：

```
for i in range(1000)：
    result = []
    for i in digits：
        i = i * 100
        for j in digits：
            j = j * 10
            for k in digits：
                result.append(i+j+k)
```

在循环中应尽量引用局部变量,因为局部变量的查询和访问速度比全局变量略快。另外,在使用模块中的方法时,可以通过将其直接导入来减少查询次数和提高运行速度。

```
import time
import math
```

```
    start = time.time( )                                    #获取当前时间
    for i in range( 10000000 ):
        math.sin( i )
    print( 'Time Used:', time.time( )-start)                #输出所用时间
loc_sin = math.sin
    start = time.time( )
    for i in range( 10000000 ):
        loc_sin( i )
    print( 'Time Used:', time.time( )-start)
```

5.4 break 和 continue 语句

　　break 语句在 while 循环和 for 循环中都可以使用,一般放在 if 选择结构中,一旦 break 语句被执行,将使得整个循环提前结束。continue 语句的作用是终止当前循环,并忽略 continue 之后的语句,然后回到循环的顶端,提前进入下一次循环。除非 break 语句让代码更简单或更清晰,否则不要轻易使用。

　　下面的代码用来计算小于 100 的最大素数,注意 break 语句和 else 子句的用法。

```
>>> for n in range( 100, 1, -1 ):
    for i in range( 2, n ):
        if n%i == 0:
            break
    else:
        print( n )
        break
97
```

删除上面代码中最后一个 break 语句,则可以用来输出 100 以内的所有素数。

```
>>> for n in range( 100, 1, -1 ):
    for i in range( 2, n ):
        if n%i == 0:
            break
    else:
        print( n, end=' ' )
97 89 83 79 73 71 67 61 59 53 47 43 41 37 31 29 23 19 17 13 11 7 5 3 2
```

警惕 continue 可能带来的问题:

```
>>> i=0
>>> while i<10：
    if i%2==0：
            continue
    print(i)
    i+=1
```

永不结束的死循环，Ctrl+C 强行终止。

这样子就不会有问题：

```
>>> for i in range(10)：
    if i%2==0：
            continue
    print(i, end=' ')
1 3 5 7 9
>>> for i in range(10)：
    if i%2==0：
        i+=1                                    #没有用呀没有用
        continue
  print(i, end=' ')
1 3 5 7 9
```

每次进入循环时的 i 已经不再是上一次的 i，所以修改其值并不会影响循环的执行。

```
>>> for i in range(7)：
    print(id(i),':',i)
10416692 : 0
10416680 : 1
10416668 : 2
10416656 : 3
10416644 : 4
10416632 : 5
10416620 : 6
```

5.5　案例精选

【例5.9】计算 1+2+3+…+100 的值。

```
s = 0
for i in range(1,101):
    s = s + i
print('1+2+3+…+100 = ', s)
print('1+2+3+…+100 = ', sum(range(1,101)))
```

【例5.10】输出序列中的元素。

```
a_list = ['a', 'b', 'mpilgrim', 'z', 'example']
for i,v in enumerate(a_list):
    print('列表的第', i+1, '个元素是:', v)
```

【例5.11】求 1~100 能被 7 整除,但不能同时被 5 整除的所有整数。

```
for i in range(1,101):
    if i % 7 == 0 and i % 5 != 0:
        print(i)
```

【例5.12】输出"水仙花数"。所谓水仙花数是指 1 个 3 位的十进制数,其各位数字的立方和等于该数本身。例如:153 是水仙花数,因为 $153 = 1^3 + 5^3 + 3^3$。

```
#传统套路
for i in range(100, 1000):
    #这里是序列解包的用法
    bai, shi, ge = map(int, str(i))
    if ge ** 3 + shi ** 3 + bai ** 3 == i:
        print(i)
#函数式编程
for num in range(100, 1000):
    r = map(lambda x:int(x) ** 3, str(num))
    if sum(r) == num:
        print(num)
```

【例5.13】求平均分。

```
score = [70, 90, 78, 85, 97, 94, 65, 80]
s = 0
for i in score:
    s += i
print(s/len(score))
print(sum(score) / len(score))          #更建议直接这样做
```

【例 5.14】打印九九乘法表。

```
for i in range(1,10):
    for j in range(1,i+1):
        print('{0} * {1} = {2}'.format(i,j,i*j).1just(6), end='')
    print()
```

【例 5.15】求 200 以内能被 17 整除的最大正整数。

```
for i in range(200,0,-1):
  if i%17 == 0:
        print(i)
        break
```

【例 5.16】判断一个数是否为素数。

```
import math
n = input('Input an integer:')
n = int(n)
m = math.ceil(math.sqrt(n)+1)
for i in range(2, m):
    if n%i == 0 and i<n:
        print('No')
        break
else:
    print('Yes')
```

【例 5.17】鸡兔同笼问题。假设共有鸡、兔 30 只,脚 90 只,求鸡、兔各有多少只?

```
for ji in range(0, 31):
    if 2*ji + (30-ji)*4 == 90:
        print('ji:', ji, 'tu:', 30-ji)
```

另一种计算方法:

```
>>> def demo(tui, jitu):
        tu = (tui - jitu*2)/2
        if int(tu)==tu:
                return (int(tu), int(jitu-tu))
        else:
                return 'Data Error'
>>> demo(90,30)
```

```
(15, 15)
>>> demo(90,31)
(14, 17)
>>> demo(91,30)
'Data Error'
```

【例 5.18】编写程序,输出由 1、2、3、4 这 4 个数字组成的每位数都不相同的所有三位数。

```
digits = (1, 2, 3, 4)
for i in digits:
    for j in digits:
        for k in digits:
            if i! =j and j! =k and i! =k:
                print(i * 100+j * 10+k)
```

从代码优化的角度来讲,上面这段代码并不是很好,其中有些判断完全可以在外层循环来做,从而提高运行效率。

```
digits = (1, 2, 3, 4)
for i in digits:
    for j in digits:
        if j==i:
            continue
        for k in digits:
            if k==i or k==j:
                continue
            print(i * 100+j * 10+k)
```

当然,还可以进一步优化。

```
def demo1(data, k=3):
    assert k == 3, 'k must be 3'
    for i in data:
        if i == 0:continue
        ii = i * 100
        for j in data:
            if j == i:
                continue
            jj = j * 10
```

```
        for k in data：
            if k！ =i and k！ =j：
                print( ii + jj + k)
```

使用集合实现同样功能。

```
def demo2( data, k =3)：
    data = set( data)
    for i in data：
        if i == 0：continue
        ii = i * 100
        for j in data − {i}：
            jj = j * 10
            for k in data − {i, j}：
                print( ii + jj + k)
```

【例5.19】编写程序,生成一个含有20个随机数的列表,要求所有元素不相同,并且每个元素的值介于1到100之间。

```
import random


x = [ ]
while True：
    if len( x) = =20：
        break
    n = random.randint( 1, 100)
    if n not in x：
        x.append( n)
print( x)
print( len( x) )
print( sorted( x) )
```

如果用集合来做,会更简单一些。

```
from random import randint
x = set( )
while len( x) <20：
    x.add( randint( 1,100) )
print( x)
print( sorted( x) )
```

【例5.20】编写程序,计算组合数 C(n,i),即从 n 个元素中任选 i 个,有多少种选法。

根据组合数定义,需要计算 3 个数的阶乘,在很多编程语言中都很难直接使用整型变量表示大数的阶乘结果,虽然 Python 并不存在这个问题,但是计算大数的阶乘仍需要相当多的时间。本例提供另一种计算方法:以 Cni(8,3)为例,按定义式展开如下,对于(5,8]区间的数,分子上出现一次而分母上没出现;(3,5]区间的数在分子、分母上各出现一次;[1,3]区间的数分子上出现一次而分母上出现两次。

```python
def Cni1(n,i):
    if not (isinstance(n,int) and isinstance(i,int) and n>=i):
        print('n and i must be integers and n >= i.')
        return
    result = 1
    Min, Max = sorted((i,n-i))
    for i in range(n,0,-1):
        if i>Max:
            result *= i
        elif i<=Min:
            result /= i
    return result
```

下面的代码与刚才的代码相比,效率有提高吗?

```python
def cni2(n,i):
    minNI = min(i, n-i)
    result = 1
    for j in range(0, minNI):
        result = result * (n-j) // (j+1)
    return result
```

下面的代码有错误吗?

```python
def cni2(n,i):
    minNI = min(i, n-i)
    result = 1
    for j in range(0, minNI):
        result = result * (n-j) // (minNI-j)
    return result
```

也可以使用 math 库中的阶乘函数直接按组合数定义实现。

```
>>> def Cni2(n, i):
    import math
    return int(math.factorial(n)/math.factorial(i)/math.factorial(n-i))
>>> Cni2(6,2)
15
```

还可以直接使用 Python 标准库 itertools 提供的函数。

```
>>> import itertools
>>> len(tuple(itertools.combinations(range(60),2)))
1770
```

itertools 提供了排列函数 permutations( )。

```
>>> import itertools
>>> for item in itertools.permutations(range(1,4),2):
    print(item)


(1, 2)
(1, 3)
(2, 1)
(2, 3)
(3, 1)
(3, 2)
```

itertools 提供了用于循环遍历可迭代对象元素的函数 cycle( )。

```
>>> import itertools
>>> x = ' Private Key '
>>> y = itertools.cycle(x)          #循环遍历序列中的元素
>>> for i in range(20):
    print(next(y), end=',')
P,r,i,v,a,t,e, ,K,e,y,P,r,i,v,a,t,e, ,K,
>>> for i in range(5):
    print(next(y), end=',')
e,y,P,r,i,
```

itertools 提供了根据一个序列的值对另一个序列进行过滤的函数 compress( )。

```
>>> x = range(1, 20)
>>> y = (1,0) * 9+(1,)
>>> y
(1, 0, 1, 0, 1, 0, 1, 0, 1, 0, 1, 0, 1, 0, 1, 0, 1, 0, 1)
>>> list(itertools.compress(x, y))
[1, 3, 5, 7, 9, 11, 13, 15, 17, 19]
```

itertools 提供了根据函数返回值对序列进行分组的函数 groupby()。

```
>>> def group(v):
        if v>10:
            return 'greater than 10'
        elif v<5:
            return 'less than 5'
        else:
            return 'between 5 and 10'
>>> x = range(20)
>>> y = itertools.groupby(x, group)        #根据函数返回值对序列元素进行分组
>>> for k, v in y:
        print(k, ':', list(v))
less than 5 : [0, 1, 2, 3, 4]
between 5 and 10 : [5, 6, 7, 8, 9, 10]
greater than 10 : [11, 12, 13, 14, 15, 16, 17, 18, 19]
```

【例 5.21】编写程序，计算理财产品收益，假设收益和本金一起滚动。

```
def licai(base, rate, days):
    #初始投资金额
    result = base
    #整除,用来计算一年可以滚动多少期
    times = 365//days
    for i in range(times):
        result = result +result * rate/365 * days
    return result
#14 天理财,利率 0.0385,投资 10 万
print(licai(100000, 0.0385, 14))
```

【例 5.22】编写代码，实现冒泡法排序。

```
from random import randint
```

```
def bubbleSort(lst):
    length = len(lst)
    for i in range(0, length):
        for j in range(0, length-i-1):
            #比较相邻两个元素大小,并根据需要进行交换
            if lst[j] > lst[j+1]:
                lst[j], lst[j+1] = lst[j+1], lst[j]
lst = [randint(1, 100) for i in range(20)]
print('Before sorted:\n', lst)
bubbleSort(lst)
print('After sorted:\n', lst)
```

【例 5.23】编写代码,实现选择法排序。

```
def selectSort(lst, reverse=False):
    length = len(lst)
    for i in range(0, length):
        m = i    #假设剩余元素中第一个最小或最大
        for j in range(i+1, length):   #扫描剩余元素
            #如果有更小或更大的,就记录下它的位置
            exp = 'lst[j] < lst[m]'
            if reverse:
                exp = 'lst[j] > lst[m]'
            #内置函数 eval()用来对字符串进行求值
            if eval(exp):
                m = j
        if m! =i:   #如果发现更小或更大的,就交换值
            lst[i], lst[m] = lst[m], lst[i]
```

【例 5.24】二分法查找。

二分法查找算法非常适合在大量元素中查找指定的元素,要求序列已经排序(这里假设按从小到大排序),首先测试中间位置上的元素是否为想查找的元素,如果是,则结束算法;如果序列中间位置上的元素比要查找的元素小,则在序列的后面一半元素中继续查找;如果中间位置上的元素比要查找的元素大,则在序列的前面一半元素中继续查找。重复上面的过程,不断地缩小搜索范围,直到查找成功或者失败(要查找的元素不在序列中)。

```
def binarySearch(lst, value):
    start = 0
    end = len(lst)
    while start <= end:
        #计算中间位置
        middle = (start + end) // 2
        #查找成功,返回元素对应的位置
        if value == lst[middle]:
            return middle
        #在后面一半元素中继续查找
        elif value > lst[middle]:
            start = middle + 1
        #在前面一半元素中继续查找
        elif value < lst[middle]:
            end = middle - 1
    #查找不成功,返回 False
    return False


from random import randint

lst = [randint(1,50) for i in range(20)]
lst.sort()
print(lst)
result = binarySearch(lst, 30)
if result! =False:
    print('Success, its position is:',result)
else:
    print('Fail. Not exist.')
```

【例5.25】编写程序,计算百钱买百鸡问题。假设公鸡5元1只,母鸡3元1只,小鸡1元3只,现在有100块钱,想买100只鸡,问有多少种买法?

```
#假设能买 x 只公鸡,x 最大为 20
for x in range(21):
    #假设能买 y 只母鸡,y 最大为 33
    for y in range(34):
        #假设能买 z 只小鸡
```

```
        z = 100-x-y
        if z%3==0 and 5*x + 3*y + z//3 == 100:
                print(x,y,z)
```

【例 5.26】编写程序,模拟决赛现场最终成绩的计算过程。

```
#这个循环用来保证必须输入大于 2 的整数作为评委人数
while True:
    try:
        n = int(input('请输入评委人数:'))
        if n <= 2:
            print('评委人数太少,必须多于 2 个人。')
        else:
            #如果输入大于 2 的整数,就结束循环
            break
    except:
        pass
#用来保存所有评委的打分
scores = []
for i in range(n):
    #这个 while 循环用来保证用户必须输入 0 到 100 之间的数字
    while True:
        try:
            score = input('请输入第{0}个评委的分数:'.format(i+1))
            #把字符串转换为实数
            score = float(score)
            #用来保证输入的数字在 0 到 100 之间
            assert 0<=score<=100
            scores.append(score)
            #如果数据合法,跳出 while 循环,继续输入下一个评委的得分
            break
        except:
            print('分数错误')
#计算并删除最高分与最低分
highest = max(scores)
lowest = min(scores)
scores.remove(highest)
```

```
scores.remove(lowest)
#计算平均分,保留 2 位小数
finalScore = round(sum(scores)/len(scores), 2)

formatter = '去掉一个最高分{0}\n 去掉一个最低分{1}\n 最后得分{2}'
print(formatter.format(highest, lowest, finalScore))
```

【例 5.27】递归算法求解汉诺塔问题。

据说古代有一个梵塔,塔内有三个底座 A、B、C,A 座上有 64 个盘子,盘子大小不等,大的在下,小的在上。有一个和尚想把这 64 个盘子从 A 座移到 C 座,但每次只能允许移动一个盘子。在移动盘子的过程中可以利用 B 座,但任何时刻 3 个座上的盘子都必须始终保持大盘在下、小盘在上的顺序。如果只有一个盘子,则不需要利用 B 座,直接将盘子从 A 移动到 C 即可。和尚想知道这项任务的详细移动步骤和顺序。

根据数学知识我们可以知道,移动 n 个盘子需要 $2n-1$ 步,64 个盘子需要 18446744073709551615 步。如果每步需要一秒钟的话,那么就需要 584942417355.072 年。

```
def hannoi(num, src, dst, temp =None):
    global times       #声明用来记录移动次数的变量为全局变量
    assert type(num) = = int, 'num must be integer'  #确认参数类型和范围
    assert num > 0, 'num must > 0'
    if num = = 1:  #只剩最后或只有一个盘子需要移动,这也是函数递归调用的
结束条件
        print('The {0} Times move:{1} = =>{2}'.format(times, src, dst))
        times += 1
    else:
        #递归调用函数自身,先把除最后一个盘子之外的所有盘子移动到临时柱
子上
        hannoi(num-1, src, temp, dst)
        hannoi(1, src, dst)   #把最后一个盘子直接移动到目标柱子上
        #把除最后一个盘子之外的其他盘子从临时柱子上移动到目标柱子上
        hannoi(num-1, temp, dst, src)
times = 1       #用来记录移动次数的变量
hannoi(3, 'A', 'C', 'B') #A 表示最初放置盘子的柱子,C 是目标柱子,B 是临
时柱子
```

【例 5.28】递归算法计算组合数。

```
def cni(n, i):
    if n==i or i==0:
        return 1
    return cni(n-1, i) + cni(n-1, i-1)


print(cni(5,5))


from functools import lru_cache


@lru_cache(maxsize=64)
def cni(n, i):
    if n==i or i==0:
        return 1
    return cni(n-1, i) + cni(n-1, i-1)
```

【例5.29】编写程序,输出星号组成的菱形。

```
def main(n):
    for i in range(n):
        print((' * '*i).center(n*3))
    for i in range(n, 0, -1):
        print((' * '*i).center(n*3))
```

【例5.30】编写程序,实现十进制整数到其他任意进制的转换。

编程要点:除基取余,逆序排列。

```
def int2base(n, base):
    '''把十进制整数 n 转换成 base 进制'''
    result = []
    div = n
    #除基取余,逆序排列
    while div != 0:
        div, mod = divmod(div, base)
        result.append(mod)
    result.reverse()
    result = ''.join(map(str, result))
    #变成数字,返回
    return eval(result)
```

【例5.31】假设一列表中包含若干整数,要求将其分成 n 个子列表,并使得各个子列表中的元素之和尽可能接近。

```python
import random
def numberSplit(lst, n,threshold):
    ''' lst 为原始列表,内含若干整数,n 为拟分份数
        threshold 为各子列表元素之和的最大差值'''
    print('原始列表:', lst)
    length = len(lst)
    p = length // n
    #尽量把原来的 lst 列表中的数字等分成 n 份
    partitions = []
    for i in range(n-1):
        partitions.append(lst[i*p:i*p+p])
    else:
        partitions.append(lst[i*p+p:])
    print('初始分组结果:', partitions)

    #不停地调整各个子列表中的数字
    #直到 n 个子列表中数字之和尽量相等
    times = 0
    while times < 1000:
        times += 1
        maxLst = max(partitions, key=sum)
        minLst = min(partitions, key=sum)
        #把大的子列表中最小的元素调整到小的子列表中
        m = min(maxLst)
        i = maxLst.index(m)
        minLst.insert(0, maxLst.pop(i))
        print('第{0}步处理结果:'.format(times), partitions)
        first = sum(partitions[0])
        for item in partitions[1:]:
            if abs(sum(item)-first) > threshold:
                break
        else:
            break
    else:
        print('很抱歉,我无能为力,只能给出这样一个结果了。')
```

```
        return partitions
lst = [random.randint(1, 100) for i in range(10)]
result = numberSplit(lst, 3, 15)
print('最终结果:', result)
#输出各组数字之和
print('各子列表元素之和:')
for item in result:
        print(sum(item))
```

【例 5.32】每天固定时间定时自动执行特定任务。

```
import datetime
import time

def doSth():
        print(' test ')
        # 假装做这件事情需要一分钟
        time.sleep(60)
def main(h=0, m=0):
        '''h 表示设定的小时,m 为设定的分钟'''
        while True:
                # 判断是否达到设定时间,例如 0:00
                while True:
                        now = datetime.datetime.now()
                        # 到达设定时间,结束内循环
                        if now.hour==h and now.minute==m:
                                break
                        # 不到时间就等 20 秒之后再次检测
                        time.sleep(20)
                # 做正事,一天做一次
                doSth()
main(10,14)
```

【例 5.33】给定一个包含若干数字的序列 A(本文以列表为例),求满足 $0 \leqslant a \leqslant b < n$ 的 $A[b] - A[a]$ 的最大值。

```python
from random import randrange
# 简单粗暴的循环嵌套
def maxDifference1(lst):
    # 负无穷大
    diff = -float('inf')
    for index, value in enumerate(lst[:-1]):
        for v in lst[index+1:]:
            t = v-value
            if t > diff:
                result = (value,v)
                diff = t
    return result
# 高大上的动态规划算法
def maxDifference2(lst):
    diff = -float('inf')

    minCurrent = lst[0]

    for value in lst[1:]:
        if value < minCurrent:
            minCurrent = value
        else:
            t = value-minCurrent
            if t > diff:
                diff = t
                result = (minCurrent, value)
    return result
```

【例 5.34】计算前 n 个自然数的阶乘之和 1! +2! +3! +...+n! 的值。

```python
def factorialBefore(n):
    result, t = 1, 1
    for i in range(2, n+1):
        t *= i
        result += t
    return result
```

或者下面的方法(不过效率会低一些):

```
>>> from math import factorial
>>> sum( map( factorial, range( 1, 100) ) )
9427862397658265791605952682068393813547543496010509743453954104070782302495904144588301174426181807329112035202088893716416591213565564423365289204420940313
```

5.6　实验　使用蒙特·卡罗方法计算圆周率近似值

实验目的:

①理解蒙特·卡罗方法原理。

②理解 for 循环本质与工作原理。

③了解 random 模块中常用函数。

实验内容:

蒙特·卡罗方法是一种通过概率模拟来得到问题近似解的方法,在很多领域都有重要的应用,其中就包括圆周率近似值的计算问题。假设有一块边长为 2 的正方形木板,上面画一个单位圆,然后随意往木板上扔飞镖,落点坐标(x, y)必然在木板上(更多的时候是落在单位圆内),如果扔的次数足够多,那么落在单位圆内的次数除以总次数再乘以 4,这个数字会无限逼近圆周率的值。这就是蒙特·卡罗发明的用于计算圆周率近似值的方法,如图 5.6 所示。

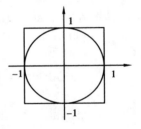

图 5.6　蒙特·卡罗模拟实例

编写程序,模拟蒙特·卡罗计算圆周率近似值的方法,输入掷飞镖次数,然后输出圆周率近似值。

参考代码:

```
from random import random
times = int( input('请输入掷飞镖次数:') ) hits = 0
for i in range( times) :
x = random( ) y = random( ) if x * x + y * y <= 1: hits += 1 print( 4.0 * hits/
times)
```

5.7　实验　蒙蒂霍尔悖论游戏

实验目的:

①了解蒙蒂霍尔悖论内容。

②了解游戏规则。

③熟练运用字典方法和集合运算。

④了解断言语句 assert 的用法。

⑤熟练运用循环结构。

实验内容：

假设你正参加一个有奖游戏节目，并且有 3 道门可选，其中一个后面是汽车，另外两个后面是山羊。你选择一个门，比如说 1 号门，主持人当然知道每个门后面是什么并且打开了另一门，比如说 3 号门，后面是一只山羊。这时，主持人会问你"你想改选 2 号门吗?"，然后根据你的选择确定最终要打开的门，并确定你获得山羊（输）或者汽车（赢）。编写程序，模拟上面的游戏。

参考代码：

```
from random import randrange
def init( ):
'''返回一个字典,键为 3 个门号,值为门后面的物品'''
result = {i: 'goat' for i in range(3)} r = randrange(3) result[r] = 'car'
return result
def startGame( ):
# 获取本次游戏中每个门的情况 doors = init( )
# 获取玩家选择的门号 while True:
try:
firstDoorNum = int(input('Choose a door to open:')) assert 0<= firstDoorNum <=2 break
except:
print('Door number must be between {} and {}'.format(0, 2))
# 主持人查看另外两个门后的物品情况 for door in doors. keys( ) -{firstDoorNum}:
# 打开其中一个后面为山羊的门
if doors[door] == 'goat': print('"goat" behind the door', door)
# 获取第三个门号,让玩家纠结
thirdDoor = (doors.keys( )-{door, firstDoorNum}).pop( ) change = input('Switch to {}? (y/n)'.format(thirdDoor)) finalDoorNum = thirdDoor if change =='y' else firstDoorNum if doors[finalDoorNum] == 'goat':
return 'I Win! '
else: return 'You Win.'
while True:
print('='*30) print(startGame( )) r = input('Do you want to try once more? (y/n)') if r == 'n': break
```

5.8 实验 猜数游戏

实验目的：

①熟练运用选择结构与循环结构解决实际问题。

②注意选择结构嵌套时代码的缩进与对齐。

③理解带 else 子句的循环结构执行流程。

④理解条件表达式 value1 if condition else value2 的用法。

⑤理解使用异常处理结构约束用户输入的用法。

⑥理解带 else 子句的异常处理结构的执行流程。

实验内容：

编写程序模拟猜数游戏。程序运行时，系统生成一个随机数，然后提示用户进行猜测，并根据用户输入进行必要的提示（猜对了、太大了、太小了），如果猜对则提前结束程序，如果次数用完仍没有猜对，提示游戏结束并给出正确答案。

参考代码：

```
from random import randint
def guessNumber(maxValue=10, maxTimes=3):
# 随机生成一个整数
value = randint(1,maxValue) for i in range(maxTimes):
prompt = 'Start to GUESS:' if i==0 else 'Guess again:'
# 使用异常处理结构,防止输入不是数字的情况 try: x = int(input(prompt))
except: print('Must input an integer between 1 and ', maxValue)
else: if x == value:
# 猜对了
print('Congratulations!') break
elif x > value:
print('Too big')
else:
print('Too little')
else:
# 次数用完还没猜对,游戏结束,提示正确答案
print('Game over. FAIL.')
print('The value is ', value) guessNumber()
```

习题

1.分析逻辑运算符"or"的短路求值特性。

2.编写程序,运行后用户输入4位整数作为年份,判断其是否为闰年。如果年份能被400整除,则为闰年;如果年份能被4整除但不能被100整除也为闰年。

3.Python提供了两种基本的循环结构:_____和_____。

4.编写程序,生成一个包含50个随机整数的列表,然后删除其中所有奇数。(提示:从后向前删)

5.编写程序,生成一个包含20个随机整数的列表,然后对其中偶数下标的元素进行降序排列,奇数下标的元素不变。(提示:使用切片)

6.编写程序,用户用键盘输入小于1000的整数,对其进行因式分解。例如,$10=2×5$,$60=2×2×3×5$。

7.编写程序,至少使用2种不同的方法计算100以内所有奇数的和。

8.编写程序,输出所有由1、2、3、4这4个数字组成的素数,并且在每个素数中每个数字只使用1次。

9.编写程序,实现分段函数计算,如下表所示。

x	y
$x<0$	0
$0 \leqslant x<5$	x
$5 \leqslant x<10$	$3x-5$
$10 \leqslant x<20$	$0.5x-2$
$20 \leqslant x$	0

模块 6　函数

函数是组织好的并且可以重复使用的,用来实现单一或相关联功能的代码段。函数可以重复使用,从而避免了代码的大量重复编写。Python 中的函数分为系统函数和自定义函数。系统函数是预先定义好的,用户直接调用即可实现函数特定的功能;自定义函数需要自己编写。本章主要讲解构造自定义函数的语法及相关内容。

将可能需要反复执行的代码封装为函数,并在需要该功能的地方进行调用,不仅可以实现代码复用,更重要的是可以保证代码的一致性,只需要修改该函数代码则所有调用均受到影响。设计函数时,应注意提高模块的内聚性,同时降低模块之间的隐式耦合。在实际项目开发中,往往会把一些通用的函数封装到一个模块中,并把这个通用模块文件放到顶层文件夹中,这样更方便管理。

在编写函数时,应减少副作用,尽量不要修改参数本身,不要修改除返回值以外的其他内容;应充分利用 Python 函数式编程的特点,让自己定义的函数尽量符合纯函数式编程的要求,例如保证线程安全、可以并行运行等。

6.1　函数定义与使用

6.1.1　基本语法

在 Python 中,函数定义语法如下:

def 函数名([参数列表]):

　　　　'''注释'''

　　　　函数体

在 Python 中,定义函数时也不需要声明函数的返回值类型,而是使用 return 语句结束函数执行的同时返回任意类型的值,函数返回值类型与 return 语句返回表达式的类型一致。不论 return 语句出现在函数的什么位置,一旦得到执行将直接结束函数的执行。如果函数没有 return 语句、有 return 语句但是没有执行到或者执行了不返回任何值,解释器都会认为该函数以 return None 结束,即返回空值。

定义函数时需要注意:

①函数形参不需要声明其类型,也不需要指定函数返回值类型。

②即使该函数不需要接收任何参数,也必须保留一对空的圆括号。

③括号后面的冒号必不可少。

④函数体相对于 def 关键字必须保持一定的空格缩进。

Python 允许嵌套定义函数,并且所有包含_call_( )方法的类的对象均被认为是可调用的。

例如：生成斐波那契数列的函数定义和调用。

```
def fib(n):
    a, b = 0, 1
    while a < n:
        print(a, end='')
        a, b = b, a+b
    print()
fib(1000)
```

在定义函数时，开头部分的注释并不是必需的，但是如果为函数的定义加上这段注释的话，可以为用户提供友好的提示和使用帮助。

```
>>> def fib(n):
        '''accept an integer n.
        return the numbers less than n in Fibonacci sequence.'''
    a, b = 1, 1
    while a < n:
        print(a, end=' ')
        a, b = b, a+b
    print()

>>> fib(
        (n)
        accept an integer n.
        return the numbers less than n in Fibonacci sequence.
```

Python 是一种高级动态编程语言，变量类型是随时可以改变的。Python 中的函数和自定义对象的成员也是可以随时发生改变的，可以为函数和自定义对象动态增加新成员。

```
>>> def func():
        print(func.x)                #查看函数 func 的成员 x
>>> func()                           #现在函数 func 还没有成员 x，出错
AttributeError: 'function' object has no attribute 'x'
>>> func.x = 3                       #动态为函数增加新成员
>>> func()
3
>>> func.x                           #在外部也可以直接访问函数的成员
3
>>> del func.x                       #删除函数成员
>>> func()                           #删除之后不可访问
AttributeError: 'function' object has no attribute 'x'
```

6.1.2 函数嵌套定义、可调用对象与修饰器

（1）函数嵌套定义

Python 允许函数的嵌套定义，在函数内部可以再定义另外一个函数。

```
>>> def myMap(iterable, op, value):    #自定义函数
if op not in '+-*/':
    return 'Error operator'
def nested(item):                      #嵌套定义函数
    return eval(repr(item)+op+repr(value))
return map(nested, iterable)           #使用在函数内部定义的函数
>>> list(myMap(range(5), '+', 5))      #调用外部函数,不需要关心其内部实现
[5, 6, 7, 8, 9]
>>> list(myMap(range(5), '-', 5))
[-5, -4, -3, -2, -1]
```

问题解决:用函数嵌套定义和递归实现帕斯卡公式 $C(n,i) = C(n-1, i) + C(n-1, i-1)$,进行组合数 $C(n,i)$ 的快速求解。

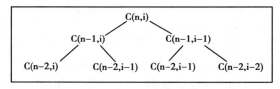

```
def f2(n,i):
    cache2 = dict()

    def f(n,i):
        if n==i or i==0:
            return 1
        elif (n,i) not in cache2:
            cache2[(n,i)] = f(n-1, i) + f(n-1, i-1)
        return cache2[(n,i)]

    return f(n,i)
```

使用标准库提供的缓冲机制进行改写和优化。

```
from functools import lru_cache

@ lru_cache( maxsize =64)
def cni(n, i):
    if n==i or i==0:
        return 1
    return cni(n-1, i) + cni(n-1, i-1)
```

（2）可调用对象

函数属于 Python 可调用对象之一，由于构造方法的存在，类也是可调用的。像 list（）、tuple（）、dict（）、set（）这样的工厂函数实际上都是调用了类的构造方法。另外，任何包含__call__（）方法的类的对象也是可调用的。

下面的代码使用函数的嵌套定义实现了可调用对象的定义：

```
def linear(a, b):
    def result(x):              #在 Python 中，函数是可以嵌套定义的
        return a * x + b
    return result               #返回可被调用的函数
```

下面的代码演示了可调用对象类的定义：

```
class linear：
    def __init__(self, a, b):
        self.a, self.b = a, b
    def __call__(self, x):      #这里是关键
        return self.a * x + self.b
```

使用上面的嵌套函数和类这两种方式中任何一个，都可以通过以下的方式来定义一个可调用对象：

```
taxes = linear(0.3, 2)
```

然后通过下面的方式来调用该对象。

```
taxes(5)
```

（3）修饰器

修饰器（decorator）是函数嵌套定义的另一个重要应用。修饰器本质上也是一个函数，只不过这个函数接收其他函数作为参数，并对其进行一定的改造之后使用新函数替换原来的函数。

Python 面向对象程序设计中的静态方法、类方法、属性等也都是通过修饰器实现的。

```
def before(func):                          #定义修饰器
    def wrapper( * args, ** kwargs):
        print(' Before function called.')
        return func( * args, ** kwargs)
    return wrapper

def after(func):                           #定义修饰器
    def wrapper( * args, ** kwargs):
        result = func( * args, ** kwargs)
        print(' After function called.')
        return result
    return wrapper

@ before
@ after
def test():                                #同时使用两个修饰器改造函数
    print(3)
test()                                     #调用被修饰的函数
```

和预想的完全一样,上面代码的运行结果为:

```
Before function called.
3
After function called.
```

下面的代码通过定义和使用修饰器,有效复用了用户名检查功能的代码。

```
def check_permission(func):
    def wrapper( * args, ** kwargs):
        if kwargs.get(' username ') ! =' admin ':
            raise Exception(' Sorry. You are not allowed.')
        return func( * args, ** kwargs)
    return wrapper

class ReadWriteFile(object):
    #把函数 check_permission 作为装饰器使用
    @ check_permission
    def read(self, username, filename):
        return open(filename,' r ').read()
```

```
def write(self, username, filename, content):
    open(filename,'a+').write(content)
#把函数 check_permission 作为普通函数使用
write = check_permission(write)


t = ReadWriteFile()
print('Originally......')
print(t.read(username='admin', filename=r'd:\sample.txt'))
print('Now, try to write to a file.......')
t.write(username='admin', filename=r'd:\sample.txt', content='\nhello world')
print('After calling to write......')
print(t.read(username='admin', filename=r'd:\sample.txt'))
```

下面的代码使用修饰器对函数进行改写,使用字典存储临时结果,避免重复计算,效率更高。

```
from functools import wraps

#定义修饰器
def cachedFunc(func):
    #使用字典存储中间结果
    cache = dict()
    #对目标函数进行改写
    @wraps(func)
    def newFunc(*args):
        if args not in cache:
            cache[args] = func(*args)
        return cache[args]
    #返回修改过的新函数
    return newFunc

#使用修饰器
@cachedFunc
def f3(n, i):
    if n==i or i==0:
        return 1
    return f3(n-1, i) + f3(n-1, i-1)
```

6.1.3 函数对象成员的动态性

Python 是一种高级动态编程语言,变量类型是随时可以改变的。

```
>>> def func( ) :
        print( func.x )                      #查看函数 func 的成员 x
>>> func( )                                  #现在函数 func 还没有成员 x,出错
AttributeError: ' function ' object has no attribute ' x '
>>> func.x = 3                               #动态为函数增加新成员
>>> func( )
3
>>> func.x                                   #在外部也可以直接访问函数的成员
3
>>> del func.x                               #删除函数成员
>>> func( )                                  #删除之后不可访问
AttributeError: ' function ' object has no attribute ' x '
```

6.1.4 函数递归调用

函数的递归调用是函数调用的一种特殊情况,函数调用自己,自己再调用自己,自己再调用自己,当某个条件得到满足的时候就不再调用了,然后一层一层地返回,直到该函数第一次调用的位置。

问题解决:使用递归法对整数进行因数分解。

```
from random import randint

def factors( num, fac =[ ] ) :
    #每次都从 2 开始查找因数
    for i in range( 2, int( num ** 0.5 ) +1 ) :
        #找到一个因数
        if num%i == 0 :
            fac.append( i )
            #对商继续分解,重复这个过程
            factors( num//i, fac )
            #注意,这个 break 非常重要
            break
    else :
        #不可分解了,自身也是个因数
```

```
        fac.append(num)
facs = []
n = randint(2, 10 ** 8)
factors(n, facs)
result = '*'.join(map(str, facs))
if n == eval(result):
    print(n, '= '+result)
```

6.2 形参与实参

函数定义时括号内为形参,一个函数可以没有形参,但是括号必须要有,表示该函数不接受参数。函数调用时向其传递实参,将实参引用传递给形参。在定义函数时,对参数个数并没有限制,如果有多个形参,需要使用逗号进行分隔。

编写函数,接受两个整数,并输出其中最大数。

```
def printMax(a, b):
    if a>b:
        print(a, ' is the max ')
    else:
        print(b, ' is the max ')
```

对于绝大多数情况下,在函数内部直接修改形参的值不会影响实参,而是创建一个新变量。例如:

```
>>> def addOne(a):
    print(id(a), ':', a)
    a += 1
    print(id(a), ':', a)


>>> v = 3
>>> id(v)
1599055008
>>> addOne(v)
1599055008 : 3
1599055040 : 4
>>> v
3
>>> id(v)
1599055008
```

在有些情况下,可以通过特殊的方式在函数内部修改实参的值,例如:

```
>>> def modify(v):              #修改列表元素值
        v[0] = v[0]+1
>>> a = [2]
>>> modify(a)
>>> a
[3]
>>> def modify(v, item):        #为列表增加元素
        v.append(item)
>>> a = [2]
>>> modify(a,3)
>>> a
[2, 3]
```

也就是说,如果传递给函数的是可变序列,并且在函数内部使用下标或可变序列自身的方法增加、删除元素或修改元素时,实参也得到相应的修改。

```
>>> def modify(d):              #修改字典元素值或为字典增加元素
        d['age'] = 38
>>> a = {'name':'Dong', 'age':37, 'sex':'Male'}
>>> a
{'age': 37, 'name': 'Dong', 'sex': 'Male'}
>>> modify(a)
>>> a
{'age': 38, 'name': 'Dong', 'sex': 'Male'}
```

6.3 参数类型

在 Python 中,函数参数有很多种,可以为普通参数、默认值参数、关键参数、可变长度参数等。Python 在定义函数时不需要指定形参的类型,完全由调用者传递的实参类型以及 Python 解释器的理解和推断来决定,类似于重载和泛型。

Python 函数定义时也不需要指定函数的类型,这将由函数中的 return 语句来决定,如果没有 return 语句或者 return 没有被执行,则认为返回空值 None。

Python 支持对函数参数和返回值类型的标注,但实际上并不起任何作用,只是看起来方便。

```
>>> def test(x:int, y:int) -> int:
    ''' x and y must be integers, return an integer x+y '''
    assert isinstance(x, int), 'x must be integer'
    assert isinstance(y, int), 'y must be integer'
    z = x+y
    assert isinstance(z, int), 'must return an integer'
    return z
>>> test(1, 2)
3
>>> test(2, 3.0)                    #参数类型不符合要求,抛出异常
AssertionError:y must be integer
```

位置参数是比较常用的形式,调用函数时实参和形参的顺序必须严格一致,并且实参和形参的数量必须相同。

```
>>> def demo(a, b, c):
    print(a, b, c)

>>> demo(3, 4, 5)                   #按位置传递参数
3 4 5
>>> demo(3, 5, 4)
3 5 4
>>> demo(1, 2, 3, 4)                #实参与形参数量必须相同
TypeError: demo() takes 3 positional arguments but 4 were given
```

6.3.1 默认值参数

默认值参数必须出现在函数参数列表的最右端,任何一个默认值参数右边不能有非默认值参数。调用带有默认值参数的函数时,可以不对默认值参数进行赋值,也可以为其赋值,具有很大的灵活性。

带有默认值参数的函数定义语法如下:

def 函数名(……,形参名=默认值):

　　函数体

可以使用"函数名.__defaults__"随时查看函数所有默认值参数的当前值,其返回值为一个元组,其中的元素依次表示每个默认值参数的当前值。

```
>>> def say( message, times =1 ) :
        print( ( message+' ') ∗ times)
>>> say.func_defaults
(1,)
```

在调用带有默认值参数的函数时,可以不用为设置了默认值的形参而进行传值,此时函数将会直接使用函数定义时设置的默认值,当然也可以通过显式赋值来替换其默认值。在调用函数时,是否为默认值参数传递实参是可选的。

```
>>> def say( message, times =1 ) :
        print( message ∗ times)
>>> say(' hello ')
hello
>>> say(' hello ',3)
hello hello hello
>>> say(' hi ',7)
hi hi hi hi hi hi hi
```

下面的函数使用指定分隔符将列表中所有字符串元素连接成一个字符串。

```
>>> def Join( List, sep =None) :
        return ( sep or ' ').join( List)
>>> aList = [' a ', ' b ', ' c ']
>>> Join( aList)
' a b c '
>>> Join( aList, ',')
' a,b,c '
```

需要注意的是,在定义带有默认值参数的函数时,任何一个默认值参数右边都不能再出现没有默认值的普通位置参数,否则会提示语法错误。默认值参数如果使用不当,会导致很难发现的逻辑错误,例如:

```
def demo( newitem, old_list =[ ] ) :
    old_list.append( newitem)
    return old_list
print( demo(' 5 ',[ 1,2,3,4 ] ) )          #right
print( demo(' aaa ',[' a ',' b '] ) )        #right
print( demo(' a ') )                          #right
print( demo(' b ') )                          #wrong
```

试着想一想,这段代码会输出什么呢?

上面的代码输出结果如下，最后一个结果是错的。

```
[1, 2, 3, 4, '5']
['a', 'b', 'aaa']
['a']
['a', 'b']
```

继续想，为什么会这样呢？

原因在于默认值参数的赋值只会在函数定义时被解释一次。当使用可变序列作为参数默认值时，一定要谨慎操作。

最后一个问题来了：正确的代码该怎么写呢？

终极解决方案：改成下面的样子就不会有问题了。

```
def demo(newitem, old_list = None):
    if old_list is None:
        old_list = [ ]
    new_list = old_list[ : ]
    new_list.append(newitem)
    return new_list


print(demo('5', [1,2,3,4]))
print(demo('aaa', ['a','b']))
print(demo('a'))
print(demo('b'))
```

注意：默认值参数只在函数定义时被解释一次，可以使用"函数名.__defaults__"查看所有默认参数的当前值。

```
>>> i = 3
>>> def f(n=i):            #参数 n 的值仅取决于 i 的当前值
    print(n)

>>> f()
3
>>> i = 5                  #函数定义后修改 i 的值不影响参数 n 的默认值
>>> f()
3
>>> f.__defaults__        #查看函数默认值参数的当前值
(3,)
```

6.3.2　关键参数

关键参数主要指实参,即调用函数时的参数传递方式。通过关键参数,实参顺序可以和形参顺序不一致,但不影响传递结果,避免了用户需要牢记位置参数顺序的麻烦。

```
>>> def demo(a,b,c=5):
    print(a,b,c)
>>> demo(3,7)
3 7 5
>>> demo(a=7,b=3,c=6)
7 3 6
>>> demo(c=8,a=9,b=0)
9 0 8
```

6.3.3　可变长度参数

可变长度参数主要有两种形式:

① * parameter 用来接受多个实参并将其放在一个元组中;

② ** parameter 接受关键参数并存放到字典中。

下面的代码演示了第一种形式可变长度参数 * parameter 的用法。

```
>>> def demo( * p):
    print(p)
>>> demo(1,2,3)
(1, 2, 3)
>>> demo(1,2)
(1, 2)
>>> demo(1,2,3,4,5,6,7)
(1, 2, 3, 4, 5, 6, 7)
```

下面的代码演示了第二种形式可变长度参数 ** parameter 的用法。

```
>>> def demo( ** p):
    for item in p.items():
        print(item)
>>> demo(x=1,y=2,z=3)
('y', 2)
('x', 1)
('z', 3)
```

几种不同类型的参数可以混合使用,但是不建议这样做。

```
>>> def func_4(a,b,c=4, * aa, ** bb):
    print(a,b,c)
    print(aa)
    print(bb)

>>> func_4(1,2,3,4,5,6,7,8,9,xx=' 1',yy=' 2',zz=3)
(1, 2, 3)
(4, 5, 6, 7, 8, 9)
{'yy': '2', 'xx': '1', 'zz': 3}
>>> func_4(1,2,3,4,5,6,7,xx=' 1',yy=' 2',zz=3)
(1, 2, 3)
(4, 5, 6, 7)
{'yy': '2', 'xx': '1', 'zz': 3}
```

6.3.4　参数传递的序列解包

传递参数时,可以通过在实参序列前加包,然后传递给多个单变量形参。

```
>>> def demo(a, b, c):
    print(a+b+c)

>>> seq = [1, 2, 3]
>>> demo( * seq)
6
>>> tup = (1, 2, 3)
>>> demo( * tup)
6
```

注意:调用函数时,如果对实参使用一个星号 * 进行序列解包,那么这些解包后的实参将会被当作普通位置参数对待,并且会在关键参数和使用两个星号 ** 进行序列解包的参数之前进行处理。

```
>>> def demo(a, b, c):            #定义函数
    print(a, b, c)
>>> demo( * (1, 2, 3))            #调用,序列解包
1 2 3
>>> demo(1, * (2, 3))            #位置参数和序列解包同时使用
```

```
1 2 3
>>> demo(1, *(2,), 3)
1 2 3
>>> demo(a=1, *(2, 3))                          #序列解包相当于位置参数,优先处理
Traceback (most recent call last):
  File "<pyshell#26>", line 1, in <module>
    demo(a=1, *(2, 3))
TypeError: demo() got multiple values for argument 'a'
>>> demo(b=1, *(2, 3))
Traceback (most recent call last):
  File "<pyshell#27>", line 1, in <module>
    demo(b=1, *(2, 3))
TypeError: demo() got multiple values for argument 'b'
>>> demo(c=1, *(2, 3))
2 3 1
>>> demo(**{'a':1, 'b':2}, *(3,))     #序列解包不能在关键参数解包之后
SyntaxError: iterable argument unpacking follows keyword argument unpacking
>>> demo(*(3,), **{'a':1, 'b':2})
Traceback (most recent call last):
  File "<pyshell#30>", line 1, in <module>
    demo(*(3,), **{'a':1, 'b':2})
TypeError: demo() got multiple values for argument 'a'
>>> demo(*(3,), **{'c':1, 'b':2})
3 2 1
```

6.4　return 语句

return 语句用来从一个函数中返回一个值,同时结束函数。如果函数没有 return 语句,或者有 return 语句但是没有执行,或者只有 return 而没有返回值,Python 将认为该函数以 return None 结束。

```
def maximum(x, y):
    if x>y:
        return x
    else:
        return y
```

在调用函数或对象方法时,一定要注意有没有返回值,这决定了该函数或方法的用法。

```
>>> a_list = [1, 2, 3, 4, 9, 5, 7]
>>> print(sorted(a_list))
[1, 2, 3, 4, 5, 7, 9]
>>> print(a_list)
[1, 2, 3, 4, 9, 5, 7]
>>> print(a_list.sort())
None
>>> print(a_list)
[1, 2, 3, 4, 5, 7, 9]
```

6.5　变量作用域

变量起作用的代码范围称为变量的作用域,不同作用域内变量名可以相同,互不影响。

一个变量在函数外部定义和在函数内部定义,其作用域是不同的。在函数内部定义的普通变量只在函数内部起作用,称为局部变量。当函数执行结束后,局部变量自动删除,不再使用。

局部变量的引用比全局变量速度快,应优先考虑使用。

如果想要在函数内部给一个定义在函数外的变量赋值,那么这个变量就不能是局部的,其作用域必须为全局的,能够同时作用于函数内外,称为全局变量,可以通过 global 来定义。这分为两种情况:

①一个变量已在函数外定义,如果在函数内需要为这个变量赋值,并要将这个赋值结果反映到函数外,可以在函数内用 global 声明这个变量,将其声明为全局变量。

②在函数内部直接将一个变量声明为全局变量,在函数外没有声明,该函数执行后,将增加为新的全局变量。

也可以这么理解:在函数内如果只引用某个变量的值而没有为其赋新值,该变量为(隐式的)全局变量;如果在函数内任意位置有为变量赋新值的操作,该变量即被认为是(隐式的)局部变量,除非在函数内显式地用关键字 global 进行声明。

```
>>> def demo():
    global x
    x = 3
    y = 4
    print(x,y)

>>> x = 5
>>> demo()
3  4
```

```
>>> x
3
>>> y
NameError：name 'y' is not defined

>>> del x
>>> x
NameError：name 'x' is not defined
>>> demo( )
3  4
>>> x
3
>>> y
NameError：name 'y' is not defined
```

注意：在某个作用域内只要有为变量赋值的操作，该变量在这个作用域内就是局部变量，除非使用 global 进行了声明。

```
>>> x = 3
>>> def f( ):
        print(x)          #本意是先输出全局变量 x 的值，但是不允许这样做
        x = 5             #有赋值操作，因此在整个作用域内 x 都是局部变量
        print(x)
>>> f( )
Traceback（most recent call last）：
  File "<pyshell#10>", line 1, in <module>
    f( )
  File "<pyshell#9>", line 2, in f
    print(x)
UnboundLocalError：local variable 'x' referenced before assignment
```

如果局部变量与全局变量具有相同的名字，那么该局部变量会在自己的作用域内隐藏同名的全局变量。

```
>>> def demo( ):
        x = 3             #创建了局部变量，并自动隐藏了同名的全局变量
>>> x = 5
>>> x
5
```

```
>>> demo()
>>> x                          #函数执行不影响外面全局变量的值
5
```

如果需要在同一个程序的不同模块之间共享全局变量的话，可以编写一个专门的模块来实现这一目的。例如，假设在模块 A.py 中有如下变量定义：

```
global_variable = 0
```

而在模块 B.py 中包含以下用来设置全局变量的语句：

```
import A
A.global_variable = 1
```

在模块 C.py 中有以下语句来访问全局变量的值：

```
import A
print(A.global_variable)
```

除了局部变量和全局变量，Python 还支持使用 nonlocal 关键字定义一种介于两者之间的变量。关键字 nonlocal 声明的变量会引用距离最近的非全局作用域的变量，要求声明的变量已经存在，关键字 nonlocal 不会创建新变量。

```
def scope_test():
    def do_local():
        spam = "我是局部变量"

    def do_nonlocal():
        nonlocal spam          #这时要求 spam 必须是已存在的变量
        spam = "我不是局部变量,也不是全局变量"

    def do_global():
        global spam            #如果全局作用域内没有 spam,就自动新建
                               一个

        spam = "我是全局变量"

    spam = "原来的值"
    do_local()
    print("局部变量赋值后:", spam)
    do_nonlocal()
    print("nonlocal 变量赋值后:", spam)
    do_global()
    print("全局变量赋值后:", spam)
```

```
scope_test( )
print("全局变量:", spam)
```

6.6　案例精选

【例6.1】编写程序,计算字符串匹配的准确率。以打字练习程序为例,假设 origin 为原始内容,userInput 为用户输入的内容,下面的代码用来测试用户输入的准确率。

```
def Rate(origin, userInput):
    if not (isinstance(origin, str) and isinstance(userInput, str)):
        print('The two parameters must be strings.')
        return
    if len(origin)<len(userInput):
        print('Sorry. I suppose the second parameter string is shorter.')
        return
    right = 0                              #精确匹配的字符个数
    for origin_char, user_char in zip(origin, userInput):
        if origin_char==user_char:
            right += 1
    return right/len(origin)


origin = 'Shandong Institute of Business and Technology'
userInput = 'ShanDong institute of business and technolog'
print(Rate(origin, userInput))           #输出测试结果
```

【例6.2】编写程序,使用非递归方法对整数进行因数分解。

```
from random import randint
from math import sqrt

def factoring(n):
    '''对大数进行因数分解'''
    if not isinstance(n, int):
        print('You must give me an integer')
        return
    #开始分解,把所有因数都添加到 result 列表中
    result = []
    for p in primes:
        while n! =1:
```

```
                    if n%p == 0:
                        n = n//p
                        result.append(p)
                    else:
                        break
            else:
                result = '*'.join(map(str, result))
                return result
        #考虑参数本身就是素数的情况
        if not result:
            return n


testData = [randint(10, 100000) for i in range(50)]
#随机数中的最大数
maxData = max(testData)
#小于 maxData 的所有素数
primes = [p for p in range(2, maxData) if 0 not in
            [p% d for d in range(2, int(sqrt(p))+1)]]


for data in testData:
    r = factoring(data)
    print(data, '=', r)
    #测试分解结果是否正确
    print(data==eval(r))
```

【例6.3】编写程序,模拟猜数游戏。系统随机产生一个数,玩家最多可以猜5次,系统会根据玩家的猜测进行提示,玩家则可以根据系统的提示对下一次的猜测进行适当调整。

```
from random import randint

def guess(maxValue=100, maxTimes=5):
    value = randint(1,maxValue)              #随机生成一个整数
    for i in range(maxTimes):
        prompt = 'Start to GUESS:' if i==0 else 'Guess again:'
        try:                                 #使用异常处理结构,防止输
                                             #  入不是数字的情况
            x = int(input(prompt))
        except:
            print('Must input an integer between 1 and ', maxValue)
```

```
        else：
            if x = = value：                          #猜对了
                print('Congratulations！')
                break
            elif x > value：
                print('Too big ')
            else：
                print('Too little ')
        else：                               #次数用完还没猜对,游戏结束,
                                             提示正确答案

        print('Game over. FAIL.')
        print('The value is ', value)
```

【例6.4】编写程序,计算形式如 a + aa + aaa + aaaa + … + aaa…aaa 的表达式的值,其中 a 为小于 10 的自然数。

```
def demo( v, n)：
    assert type( n) = =int and 0<v<10, 'v must be integer between 1 and 9 '
    result, t = 0, 0
    for i in range( n)：
        t = t * 10 + v
        result += t
    return result


print( demo(3, 4))
```

【例6.5】编写程序,模拟轮盘抽奖游戏。

轮盘抽奖是比较常见的一种游戏,在轮盘上有一个指针和一些不同颜色、不同面积的扇形,用力转动轮盘,轮盘慢慢停下后依靠指针所处的位置来判定是否中奖以及奖项等级。本例中的函数名和很多变量名使用了中文,这在 Python 3.x 中是完全允许的。

```
from random import random

def 轮盘赌( 奖项分布)：
    本次转盘读数 = random()
    for k, v in 奖项分布.items()：
        if v[0]<=本次转盘读数<v[1]：
            return k
#各奖项在轮盘上所占比例
奖项分布 = {'一等奖':(0, 0.08),
```

```
                    '二等奖':(0.08, 0.3),
                    '三等奖':(0.3, 1.0)}

        中奖情况 = dict()

        for i in range(10000):
            本次战况 = 轮盘赌(奖项分布)
            中奖情况[本次战况] = 中奖情况.get(本次战况, 0) + 1

        for item in 中奖情况.items():
            print(item)
```

【例6.6】组合列表中的整数,生成最小的新整数。

程序功能:给定一个含有多个整数的列表,将这些整数任意组合和连接,返回能得到的最小值。

代码思路:将这些整数变为相同长度(按最大的进行统一),短的右侧使用个位数补齐,然后将这些新的数字升序排列,将低位补齐的数字删掉,把剩下的数字连接起来,即可得到满足要求的数字。

```
def mergeMinValue(lst):
    # 生成字符串列表
    lst = list(map(str, lst))
    # 最长的数字长度
    m = len(max(lst, key=len))
    # 根据原来的整数得到新的列表,改造形式
    newLst = [(i,i+i[-1] * (m-len(i))) for i in lst]
    # 根据补齐的数字字符串进行排序
    newLst.sort(key=lambda item:(item[1],-int(item[0])))
    # 对原来的数字进行拼接
    result = ''.join((item[0] for item in newLst))
    print(newLst)
    # 返回结果
    return int(result)

lst = [321, 30, 32, 300]
print(mergeMinValue(lst))
```

【例6.7】编写程序,模拟抓狐狸的小游戏。假设一共有一排5个洞口,小狐狸最开始的时候在其中一个洞口,然后人随机打开一个洞口,如果里面有小狐狸就抓到了。如果洞口里没有小狐狸就明天再来抓,但是第二天小狐狸会在有人来抓之前跳到隔壁洞口里。

```
from random import choice, randrange

def catchMe(n=5, maxStep=10):
    '''模拟抓小狐狸，一共 n 个洞口，允许抓 maxStep 次
        如果失败，小狐狸就会跳到隔壁洞口'''
    #n 个洞口，有狐狸为 1，没有狐狸为 0
    positions = [0] * n
    # 狐狸的随机初始位置
    oldPos = randrange(0, n)
    positions[oldPos] = 1


    # 抓 maxStep 次
    while maxStep >= 0：
        maxStep -= 1
        # 这个循环保证用户输入是有效洞口编号
        while True：
            try：
                x = input('你今天打算打开哪个洞口呀？(0-{0})：'.format(n-
1))

                # 如果输入的不是数字，就会跳转到 except 部分
                x = int(x)
                # 如果输入的洞口有效，结束这个循环，否则就继续输入
                assert 0 <= x < n, '要按套路来啊，再给你一次机会。'
                break
            except：
                #如果输入的不是数字，就执行这里的代码
                print('要按套路来啊，再给你一次机会。')

        if positions[x] == 1：
            print('成功，我抓到小狐狸啦。')
            break
        else：
            print('今天又没抓到。')
            print(positions)


        # 如果这次没抓到，狐狸就跳到隔壁洞口
```

```
        if oldPos == n-1:
            newPos = oldPos -1
        elif oldPos == 0:
            newPos = oldPos + 1
        else:
            newPos = oldPos + choice((-1, 1))
        positions[oldPos], positions[newPos] = 0, 1
        oldPos = newPos
    else:
        print('放弃吧,你这样乱试是没有希望的。')


# 启动游戏,开始抓狐狸吧
catchMe()
```

【**例** 6.8】编写程序,模拟报数游戏。有 n 个人围成一圈,顺序编号,从第一个人开始从 1 到 k(假设 k=3)报数,报到 k 的人退出圈子,然后圈子缩小,从下一个人继续游戏,问最后留下的是原来的第几号。

```
'''有 n 个人围成一圈,顺序排号。
从第一个人开始从 1 到 k(假设 k=3)报数,报到 k 的人退出圈子,然后圈子缩小,
从下一个人继续游戏,问最后留下的是原来的第几号。'''
from itertools import cycle

def demo(lst, k):
    #切片,以免影响原来的数据
    t_lst = lst[:]
    #游戏一直进行到只剩下最后一个人
    while len(t_lst) > 1:
        #创建 cycle 对象
        c = cycle(t_lst)
        #从 1 到 k 报数
        for i in range(k):
            t = next(c)
        #一个人出局,圈子缩小
        index = t_lst.index(t)
        t_lst = t_lst[index+1:] + t_lst[:index]
        #测试用,查看每次一个人出局之后剩余人的编号
        print(t_lst)
```

```
        #游戏结束
        return t_lst[0]

    lst = list(range(1,11))
    print(demo(lst, 3))
```

【例 6.9】模拟页面调度 LRU 算法。

问题描述:一进程刚获得 3 个主存块的使用权,若该进程访问页面的次序是 1, 2, 3, 4, 1, 2, 5, 1, 2, 3, 4, 5。当采用 LRU 算法时,发生的缺页次数是多少?

解析:所谓 LRU 算法,是指在发生缺页并且没有空闲主存块时,把最近最少使用的页面换出主存块,腾出地方来调入新页面。

```
def LRU(pages, maxNum):
    temp = []
    times = 0
    for page in pages:
        num = len(temp)
        if num < maxNum:                    # 没满,直接调入页面
            times += 1
            temp.append(page)
        elif num == maxNum:                 #已满
            if page in temp:                #要访问的新页面已在主存块中
                #处理"主存块",把最新访问的页面交换到列表尾部
                pos = temp.index(page)
                temp = temp[:pos] + temp[pos+1:] + [page]
            else:                           #把最早访问的页面踢掉,调入新
                                            页面
                temp.pop(0)
                temp.append(page)
                times += 1
    return times
lst = (1, 2, 3, 4, 1, 2, 5, 1, 2, 3, 4, 5)
print(LRU(lst, 3))
```

习题

1.运行 6.3.1 节最后的示例代码,查看结果并分析原因。

2.编写函数,接收一个字符串,分别统计大写字母、小写字母、数字、其他字符的个数,

并以元组的形式返回结果。

3.在函数内部可以通过关键字_____来定义全局变量。

4.如果函数中没有 return 语句或者 return 语句不带任何返回值,那么该函数的返回值为_____。

5.调用带有默认值参数的函数时,不能为默认值参数传递任何值,必须使用函数定义时设置的默认值(判断对错)。

6.在 Python 程序中,局部变量会隐藏同名的全局变量吗?请编写代码进行验证。

模块 7　面向对象程序设计

　　面向对象程序设计（Object Oriented Programming，OOP）主要针对大型软件设计而提出，使得软件设计更加灵活，能够很好地支持代码复用和设计复用，并且使得代码具有更好的可读性和可扩展性。面向对象程序设计是一种计算机编程架构。OOP 的一条基本原则是计算机程序是由多个能够起到子程序作用的单元或对象组合而成，让编程像搭积木一样简单，这大大地降低了软件开发的难度。面向对象程序设计的一个关键性观念是将数据以及对数据的操作封装在一起，组成一个相互依存、不可分割的整体（对象）。对相同类型的对象进行分类、抽象后，得出共同的特征而形成了类，面向对象程序设计的关键就是如何合理地定义这些类并且组织多个类之间的关系。

　　Python 完全采用了面向对象程序设计的编程思想，是真正面向对象的高级动态编程语言，完全支持面向对象的基本功能，如封装、继承、多态以及对基类方法的覆盖或重写。Python 中对象的概念很广泛，一切内容都可以称为对象，除了数字、字符串、列表、元组、字典、集合、range 对象、zip 对象等，函数是对象，类也是对象。创建类时用变量形式表示的对象属性称为数据成员，用函数形式表示的对象行为称为成员方法，成员属性和成员方法统称为类的成员。

7.1　类的定义与使用

7.1.1　类定义语法

　　类是描述具有相同属性和方法的对象的集合。Python 使用关键字 class 来定义类，class 关键字之后是一个空格，然后是类的名字，再次是一个冒号，最后换行并定义类的内部实现。类名的首字母一般要大写，其他字母小写，当然也可以按照自己的习惯定义类名，但一般推荐使用参考惯例来命名。例如：

```
class Car：                          #新式类至少有一个基类
    def infor( self)：
        print(" This is a car ")
```

　　定义了类之后，可以用来实例化对象，并通过"对象名.成员"的方式来访问其中的数据成员或成员方法。

```
>>> car = Car( )
>>> car.infor( )
This is a car
```

在 Python 中，可以使用内置方法 isinstance( ) 来测试一个对象是否为某个类的实例。

```
>>> isinstance( car, Car)
True
>>> isinstance( car, str)
False
```

Python 提供了一个关键字"pass"，类似于空语句，可以用在类和函数的定义中或者选择结构中。当暂时没有确定如何实现功能，或者为以后的软件升级预留空间，或者其他类型功能时，可以使用该关键字来"占位"。

```
>>> class A:
    pass

>>> def demo( ):
    pass

>>> if 5>3:
    pass
```

7.1.2　self 参数

类的所有方法都必须至少有一个名为 self 的参数，并且必须是方法的第一个形参，self 参数代表将来要创建的对象本身。在类的方法中访问对象变量时需要以 self 为前缀。在外部通过对象名调用对象方法时并不需要传递这个参数，如果在外部通过类名调用对象方法，则需要显式为 self 参数传值。

在 Python 中，在类中定义实例方法时将第一个参数定义为"self"只是一个习惯，而实际上类的实例方法中第一个参数的名字是可以变化的，而不必须使用"self"这个名字，尽管如此，建议编写代码时仍以 self 作为方法的第一个参数名字。

```
>>> class A:
    def __init__( hahaha, v):
        hahaha.value = v
    def show( hahaha):
        print( hahaha.value)
>>> a = A( 3)
>>> a.show( )
3
```

7.1.3 类成员与实例成员

如果定义属于实例的数据成员，一般是指在构造函数__init__()中定义，定义和使用时必须以 self 作为前缀；如果要定义属于类的数据成员，在类中所有方法之外定义。在主程序中（或类的外部），实例属性属于实例（对象），只能通过对象名访问；而类属性属于类，可以通过类名或对象名都可以访问。

在实例方法中可以调用该实例的其他方法，也可以访问类属性以及实例属性。在 Python 中比较特殊的是，可以动态地为自定义类和对象增加或删除成员，这一点是和很多面向对象程序设计语言不同的，也是 Python 动态类型特点的一种重要体现。

```
class Car :
    price = 100000                                      #定义类属性
    def __init__(self, c) :
        self.color = c                                  #定义实例属性
#主程序
car1 = Car("Red")                                       #实例化对象
car2 = Car("Blue")
print(car1.color, Car.price)                            #查看实例属性和类属性
                                                          的值

Car.price = 110000                                      #修改类属性
Car.name = 'QQ'                                         #增加类属性
car1.color = "Yellow"                                   #修改实例属性
print(car2.color, Car.price, Car.name)
print(car1.color, Car.price, Car.name)

import types
def setSpeed(self, s) :
    self.speed = s
car1.setSpeed = types.MethodType(setSpeed, car1)        #动态增加成员方法
car1.setSpeed(50)                                       #调用成员方法
print(car1.speed)
```

Python 类型的动态性使得人们可以动态为自定义类及其对象增加新的属性和行为，俗称混入(mixin)机制，这在大型项目开发中会非常方便和实用。

例如，系统中的所有用户分类非常复杂，不同用户组具有不同的行为和权限，并且可能会经常改变。这时候人们可以独立地定义一些行为，然后根据需求来为不同的用户设置相应的行为能力。

```
>>> import types
>>> class Person(object):
        def __init__(self, name):
            assert isinstance(name, str), 'name must be string'
            self.name = name

>>> def sing(self):
        print(self.name+' can sing.')

>>> def walk(self):
        print(self.name+' can walk.')

>>> def eat(self):
        print(self.name+' can eat.')

>>> zhang = Person('zhang')
>>> zhang.sing()                                        #用户不具有该行为
AttributeError: 'Person' object has no attribute 'sing'
>>> zhang.sing = types.MethodType(sing, zhang)          #动态增加一个新行为
>>> zhang.sing()
zhang can sing.
>>> zhang.walk()
AttributeError: 'Person' object has no attribute 'walk'
>>> zhang.walk = types.MethodType(walk, zhang)
>>> zhang.walk()
zhang can walk.
>>> del zhang.walk                                      #删除用户行为
>>> zhang.walk()
AttributeError: 'Person' object has no attribute 'walk'
```

在 Python 中,函数和方法是有区别的。方法一般指与特定实例绑定的函数,通过对象调用方法时,对象本身将被作为第一个参数隐式传递过去,而普通函数则不具备这个特点。

```
>>> class Demo:
        pass
>>> t = Demo()
>>> def test(self, v):
        self.value = v
```

```
>>> t.test = test
>>> t.test                                          #普通函数
<function test at 0x00000000034B7EA0>
>>> t.test(t, 3)                                    #必须为 self 参数传值
>>> t.test = types.MethodType(test, t)
>>> t.test                                          #绑定的方法
<bound method test of <__main__.Demo object at 0x000000000074F9E8>>
>>> t.test(5)                                       #不需要为 self 参数传值
```

7.1.4　私有成员与公有成员

　　Python 并没有对私有成员提供严格的访问保护机制。在定义类的成员时,如果成员名以两个下画线"__"或更多下画线开头,而不以两个或更多下画线结束,则表示是私有成员。私有成员在类的外部不能直接访问,需要通过调用对象的公开成员方法来访问,也可以通过 Python 支持的特殊方式来访问。公开成员既可以在类的内部进行访问,也可以在外部程序中使用。

```
>>> class A：
    def __init__(self, value1 = 0, value2 = 0)：
        self._value1 = value1
        self.__value2 = value2
    def setValue(self, value1, value2)：
        self._value1 = value1
        self.__value2 = value2
    def show(self)：
        print(self._value1)
        print(self.__value2)

>>> a = A()
>>> a._value1
0
>>> a._A__value2                                    #在外部访问对象的私有数据成员
0
```

　　在 IDLE 环境中,在对象或类名后面加上一个圆点".",等 1 s 则会自动列出其所有公开成员,模块也具有同样的特点。如果在圆点"."后面再加一个下画线,则会列出该对象或类的所有成员,包括私有成员。

　　在 Python 中,以下画线开头的变量名和方法名有特殊的含义,尤其是在类的定义中。用下画线作为变量名和方法名前缀和后缀来表示类的特殊成员：

①_xxx:这样的对象叫作保护成员,不能用"from module import *"导入,只有类对象和子类对象能访问这些成员;

②__xxx__:系统定义的特殊成员;

③__xxx:类中的私有成员,只有类对象自己能访问,子类对象也不能直接访问到这个成员,但在对象外部可以通过"对象名._类名__xxx"这样的特殊方式来访问。

注意:Python 中不存在严格意义上的私有成员。

在 IDLE 交互模式下,一个下画线"_"表示解释器中最后一次显示的内容或最后一次语句正确执行的输出结果。

```
>>> 3 + 5
8
>>> 8 + 2
10
>>> _ * 3
30
>>> _ / 5
6.0
>>> 1 / 0
ZeroDivisionError：integer division or modulo by zero
>>> _
6.0
```

在程序中,可以使用一个下画线来表示不关心该变量的值。

```
>>> for _ in range(5)：
    print(3, end = ' ')

3 3 3 3 3
>>> a, _ = divmod(60, 18)              #只关心整商,不关心余数
                                       #等价于 a = 60//18
>>> a
3
```

7.2　方法

在类中定义的方法可以粗略地分为 4 大类:公有方法、私有方法、静态方法和类方法。其中,公有方法和私有方法属于对象,私有方法的名字以两个下画线"__"开始。每个对象都有自己的公有方法和私有方法,在这两类方法中可以访问属于类和对象的成员;公有方法通过对象名直接调用,私有方法不能通过对象名直接调用,只能在属于对象的方法中

通过 self 调用或在外部通过 Python 支持的特殊方式来调用。如果通过类名来调用属于对象的公有方法,需要显式为该方法的 self 参数传递一个对象名,用来明确指定访问哪个对象的数据成员。

静态方法和类方法都可以通过类名和对象名调用,但不能直接访问属于对象的成员,只能访问属于类的成员。一般将"cls"作为类方法的第一个参数名称,但也可以使用其他的名字作为参数,并且在调用类方法时不需要为该参数传递值。

```python
>>> class Root:
    __total = 0
    def __init__(self, v):              #构造方法
        self.__value = v
        Root.__total += 1

    def show(self):                     #普通实例方法
        print('self.__value:', self.__value)
        print('Root.__total:', Root.__total)

    @classmethod                        #修饰器,声明类方法
    def classShowTotal(cls):            #类方法
        print(cls.__total)

    @staticmethod                       #修饰器,声明静态方法
    def staticShowTotal():              #静态方法
        print(Root.__total)
>>> r = Root(3)
>>> r.classShowTotal()                  #通过对象来调用类方法
1
>>> r.staticShowTotal()                 #通过对象来调用静态方法
1
>>> r.show()
self.__value:3
Root.__total:1
>>> rr = Root(5)
>>> Root.classShowTotal()               #通过类名调用类方法
2
>>> Root.staticShowTotal()              #通过类名调用静态方法
```

```
2
>>> Root.show( )                          #试图通过类名直接调用实例方法,失败

TypeError:unbound method show( ) must be called with Root instance as first
argument (got nothing instead)
>>> Root.show(r)                          #但是可以通过这种方法来调用并
                                            访问实例成员

self.__value:3
Root.__total:2
>>> Root.show(rr)                         #通过类名调用实例方法时为 self
                                            参数显式传递对象名

self.__value:5
Root.__total:2
```

7.3 属性

```
>>> t = Test(3)
>>> t.value
3
>>> t.value += 2                          #动态添加了新成员
>>> t.value                               #这里访问的是新成员
5
>>> t.show( )                             #访问原来定义的私有数据成员
3
>>> del t.value                           #这里删除的是刚才添加的新成员
>>> t.value                               #访问原来的属性
3
>>> del t.value                           #试图删除属性,失败
AttributeError:Test instance has no attribute 'value'
>>> del t._Test__value                    #删除私有成员
>>> t.value                               #访问属性,但对应的私有成员已不
                                            存在,失败

AttributeError:Test instance has no attribute '_Test__value'
```

下面的代码演示了普通数据成员和私有数据成员的区别:

```
>>> class Test:
        def show(self):
            print self.value
            print self.__v
>>> t = Test()
>>> t.show()
AttributeError: Test instance has no attribute 'value'
>>> t.value = 3                          #添加新的数据成员
>>> t.show()
3
AttributeError: Test instance has no attribute '_Test__v'
>>> t.__v = 5
>>> t.show()
3
AttributeError: Test instance has no attribute '_Test__v'
>>> t._Test__v = 5                       #添加私有数据成员
>>> t.show()
3
5
```

在 Python 3.x 中,属性得到了较为完整的实现,支持更加全面的保护机制。

①只读属性。

```
>>> class Test:
        def __init__(self, value):
            self.__value = value

        @property
        def value(self):                 #只读,无法修改和删除
            return self.__value
>>> t = Test(3)
>>> t.value
3
>>> t.value = 5                          #只读属性不允许修改值
AttributeError: can't set attribute
>>> t.v = 5                              #动态增加新成员
```

```
>>> t.v
5
>>> del t.v                                #动态删除成员
>>> del t.value                            #试图删除对象属性,失败
AttributeError:can't delete attribute
>>> t.value
3
```

②可读、可写属性。

```
>>> class Test:
    def __init__(self, value):
        self.__value = value

    def __get(self):
        return self.__value

    def __set(self, v):
        self.__value = v

    value = property(__get, __set)

    def show(self):
        print(self.__value)


>>> t = Test(3)
>>> t.value                        #允许读取属性值
3
>>> t.value = 5                    #允许修改属性值
>>> t.value
5
>>> t.show()                       #属性对应的私有变量也得到了相应的修改
5
>>> del t.value                    #试图删除属性,失败
AttributeError:can't delete attribute
```

③将属性设置为可读、可修改、可删除。

```
>>> class Test：
      def __init__(self, value)：
        self.__value = value

      def __get(self)：
        return self.__value

      def __set(self, v)：
        self.__value = v

      def __del(self)：
        del self.__value

      value = property(__get, __set, __del)

      def show(self)：
        print(self.__value)

>>> t = Test(3)
>>> t.show()
3
>>> t.value
3
>>> t.value = 5
>>> t.show()
5
>>> t.value
5

>>> del t.value                    #删除属性
>>> t.value                        #对应的私有数据成员已删除
AttributeError：'Test' object has no attribute '_Test__value'
>>> t.show()
AttributeError：'Test' object has no attribute '_Test__value'
>>> t.value =1                     #为对象动态增加属性和对应的私有数据成员
>>> t.show()
1
>>> t.value
1
```

7.4 特殊方法

7.4.1 常用特殊方法

Python 类有大量的特殊方法(表 7.1),其中比较常见的是构造函数和析构函数,除此之外,Python 还支持大量的特殊方法,运算符重载就是通过重写特殊方法实现的。

Python 中类的构造函数是__init__(),一般用来为数据成员设置初值或进行其他必要的初始化工作,在创建对象时被自动调用和执行。如果用户没有设计构造函数,Python 将提供一个默认的构造函数来进行必要的初始化工作。

Python 中类的析构函数是__del__(),一般用来释放对象占用的资源,在 Python 删除对象和收回对象空间时被自动调用和执行。如果用户没有编写析构函数,Python 将提供一个默认的析构函数进行必要的清理工作。

表 7.1 Python 类特殊方法

方法	功能说明
__new__()	类的静态方法,用于确定是否要创建对象
__init__()	构造方法,创建对象时自动调用
__del__()	析构方法,释放对象时自动调用
__add__()	+
__sub__()	-
__mul__()	*
__truediv__()	/
__floordiv__()	//
__mod__()	%
__pow__()	**
__eq__()、__ne__()、__lt__()、__le__()、__gt__()、__ge__()	==、!=、<、<=、>、>=
__lshift__()、__rshift__()	<<、>>
__and__()、__or__()、__invert__()、__xor__()	&、|、~、^

续表

方法	功能说明
__iadd__( )、__isub__( )	+= 、- = ,很多其他运算符也有与之对应的复合赋值运算符
__pos__( )	一元运算符+,正号
__neg__( )	一元运算符-,负号
__contains__ ( )	与成员测试运算符 in 对应
__radd__( )、__rsub__	反射加法、反射减法,一般与普通加法和减法具有相同的功能,但操作数的位置或顺序相反,很多其他运算符也有与之对应的反射运算符
__abs__( )	与内置函数 abs( )对应
__bool__( )	与内置函数 bool( )对应,要求该方法必须返回 True 或 False
__bytes__( )	与内置函数 bytes( )对应
__complex__( )	与内置函数 complex( )对应,要求该方法必须返回复数
__dir__( )	与内置函数 dir( )对应
__divmod__( )	与内置函数 divmod( )对应
__float__( )	与内置函数 float( )对应,要求该方法必须返回实数
__hash__( )	与内置函数 hash( )对应
__int__( )	与内置函数 int( )对应,要求该方法必须返回整数

7.4.2　案例精选

【例 7.1】自定义数组。在 MyArray.py 文件中,定义了一个数组类,重写了一部分特殊方法以支持数组之间、数组与整数之间的四则运算以及内积、大小比较、成员测试和元素访问等运算符。

```
# Filename：MyArray.py
# ——————————————————
# Function description：Array and its operating
# ——————————————————


class MyArray：
    ''' All the elements in this array must be numbers '''

    def __IsNumber(self, n)：
        return isinstance(n, (int, float, complex))

    def __init__(self, *args)：
        if not args：
            self.__value = []
        else：
            for arg in args：
                if not self.__IsNumber(arg)：
                    print('All elements must be numbers')

                    return
            self.__value = list(args)


    #重载运算符+
    #数组中每个元素都与数字 n 相加,或两个数组相加,返回新数组
    def __add__(self, n)：
        if self.__IsNumber(n)：
            #数组中所有元素都与数字 n 相加
            b = MyArray()
            b.__value = [item+n for item in self.__value]
            return b
        elif isinstance(n, MyArray)：
            #两个等长的数组对应元素相加
            if len(n.__value)==len(self.__value)：
                c = MyArray()
                c.__value = [i+j for i, j in zip(self.__value, n.__value)]
                #for i, j in zip(self.__value, n.__value)：
                #    c.__value.append(i+j)
```

```
                return c
            else:
                print('Lenght not equal')
        else:
            print('Not supported')


    #重载运算符-
    ##数组中每个元素都与数字 n 相减,返回新数组
    def __sub__(self, n):
        if not self.__IsNumber(n):
            print('- operating with ', type(n), ' and number type is not
supported.')
            return
        b = MyArray()
        b.__value = [item-n for item in self.__value]
        return b


    #重载运算符*
    #数组中每个元素都与数字 n 相乘,返回新数组
    def __mul__(self, n):
        if not self.__IsNumber(n):
            print('* operating with ', type(n), ' and number type is not
supported.')
            return
        b = MyArray()
        b.__value = [item*n for item in self.__value]
        return b


    #重载运算符/
    #数组中每个元素都与数字 n 相除,返回新数组
    def __truediv__(self, n):
        if not self.__IsNumber(n):
            print(r'/ operating with ', type(n), ' and number type is not
supported.')
            return
        b = MyArray()
        b.__value = [item/n for item in self.__value]
```

```
        return b

    #重载运算符//
    #数组中每个元素都与数字 n 整除,返回新数组
    def __floordiv__(self, n):
        if not isinstance(n, int):
            print(n, ' is not an integer ')
            return
        b = MyArray()
        b.__value = [item//n for item in self.__value]
        return b


    #重载运算符%
    #数组中每个元素都与数字 n 求余数,返回新数组
    def __mod__(self, n):
        if not self.__IsNumber(n):

            print(r '% operating with ', type(n), ' and number type is not
supported.')
            return
        b = MyArray()
        b.__value = [item%n for item in self.__value]
        return b


    #重载运算符 **
    #数组中每个元素都与数字 n 进行幂计算,返回新数组
    def __pow__(self, n):
        if not self.__IsNumber(n):
            print(' ** operating with ', type(n), ' and number type is not
supported.')
            return
        b = MyArray()
        b.__value = [item ** n for item in self.__value]
        return b


    def __len__(self):
        return len(self.__value)
```

```python
#直接使用该类对象作为表达式来查看对象的值
def __repr__(self):
    #equivalent to return 'self.__value'
    return repr(self.__value)

#支持使用 print()函数查看对象的值
def __str__(self):
    return str(self.__value)

#追加元素
def append(self, v):
    assert self.__IsNumber(v), 'Only number can be appended.'
    self.__value.append(v)

#获取指定下标的元素值,支持使用列表或元组指定多个下标
def __getitem__(self, index):
    length = len(self.__value)
    #如果指定单个整数作为下标,则直接返回元素值
    if isinstance(index, int) and 0<=index<length:
        return self.__value[index]
    #使用列表或元组指定多个整数下标
    elif isinstance(index, (list,tuple)):
        for i in index:
            if not (isinstance(i,int) and 0<=i<length):
                return 'index error'
        result = []
        for item in index:
            result.append(self.__value[item])
        return result
    else:
        return 'index error'

#修改元素值,支持使用列表或元组指定多个下标,同时修改多个元素值
def __setitem__(self, index, value):
    length = len(self.__value)
    #如果下标合法,则直接修改元素值
```

```python
        if isinstance(index, int) and 0<=index<length:
            self.__value[index] = value
        #支持使用列表或元组指定多个下标
        elif isinstance(index, (list,tuple)):
            for i in index:
                if not (isinstance(i,int) and 0<=i<length):
                    raise Exception('index error')
        #如果下标和给的值都是列表或元组,并且个数一样,则分别为多个下标
        的元素修改值
            if isinstance(value, (list,tuple)):
                if len(index) == len(value):
                    for i, v in enumerate(index):
                        self.__value[v] = value[i]
                else:
                    raise Exception('values and index must be of the same
length')
        #如果指定多个下标和一个普通值,则把多个元素修改为相同的值
            elif isinstance(value, (int,float,complex)):
                for i in index:
                    self.__value[i] = value
            else:
                raise Exception('value error')
        else:
            raise Exception('index error')


    #支持成员测试运算符in,测试数组中是否包含某个元素
    def __contains__(self, v):
        return v in self.__value


    #模拟向量内积
    def dot(self, v):
        if not isinstance(v, MyArray):
            print(v, ' must be an instance of MyArray.')
            return
        if len(v) != len(self.__value):
```

```
                print('The size must be equal.')
                return
            return sum([i * j for i,j in zip(self.__value, v.__value)])


        #重载运算符 ==,测试两个数组是否相等
        def __eq__(self, v):
            assert isinstance(v, MyArray), 'wrong type'
            return self.__value == v.__value


        #重载运算符 <,比较两个数组的大小
        def __lt__(self, v):
            assert isinstance(v, MyArray), 'wrong type'
            return self.__value < v.__value


if __name__ == '__main__':
    print('Please use me as a module.')
```

【例 7.2】自定义集合。模拟 Python 内置集合类型,实现元素添加、删除以及并集、交集、对称差集等基本运算。

```
# Filename：MySet.py
# ---------------------
# Function description：Set and its operating
# ---------------------


class Set(object):
    def __init__(self, data=None):
        if data == None:
            self.__data = []
        else:
            if not hasattr(data, '__iter__'):
                #提供的数据不可迭代,实例化失败
                raise Exception('必须提供可迭代的数据类型')
            temp = []
            for item in data:
                #集合中的元素必须可哈希
                hash(item)
                if not item in temp:
```

```
                    temp.append(item)
            self.__data = temp

    #析构方法
    def __del__(self):
        del self.__data

    #添加元素,要求元素必须可哈希
    def add(self, value):
        hash(value)
        if value not in self.__data:
            self.__data.append(value)
        else:
            print('元素已存在,操作被忽略')

    #删除元素
    def remove(self, value):
        if value in self.__data:
            self.__data.remove(value)
            print('删除成功')
        else:
            print('元素不存在,删除操作被忽略')

    #随机弹出并返回一个元素
    def pop(self):
        if not self.__data:
            print('集合已空,弹出操作被忽略')
            return
        import random
        item = random.choice(self.__data)
        self.__data.remove(item)
        return item

    #运算符重载,集合差集运算
    def __sub__(self, anotherSet):
        if not isinstance(anotherSet, Set):
            raise Exception('类型错误')
```

```
        #空集合
        result = Set()
        #如果一个元素属于当前集合而不属于另一个集合,添加
        for item in self.__data：
            if item not in anotherSet.__data：
                result.__data.append(item)
        return result


    #提供方法,集合差集运算,复用上面的代码
    def difference(self, anotherSet)：
        return self - anotherSet


    #| 运算符重载,集合并集运算
    def __or__(self, anotherSet)：
        if not isinstance(anotherSet, Set)：
            raise Exception('类型错误')
        result = Set(self.__data)
        for item in anotherSet.__data：
            if item not in result.__data：
                result.__data.append(item)
        return result


    #提供方法,集合并集运算
    def union(self, anotherSet)：
        return self | anotherSet


    #& 运算符重载,集合交集运算
    def __and__(self, anotherSet)：
        if not isinstance(anotherSet, Set)：
            raise Exception('类型错误')
        result = Set()
        for item in self.__data：
            if item in anotherSet.__data：
                result.__data.append(item)
        return result


    #^运算符重载,集合对称差集
```

```
def __xor__(self, anotherSet):
    return (self-anotherSet) | (anotherSet-self)


#提供方法,集合对称差集运算
def symetric_difference(self, anotherSet):
    return self ^ anotherSet


#==运算符重载,判断两个集合是否相等
def __eq__(self, anotherSet):
    if not isinstance(anotherSet, Set):
        raise Exception('类型错误')
    if sorted(self.__data) == sorted(anotherSet.__data):
        return True
    return False


#>运算符重载,集合包含关系
def __gt__(self, anotherSet):
    if not isinstance(anotherSet, Set):
        raise Exception('类型错误')
    if self ! = anotherSet:
        #假设当前集合中所有元素都在另一个集合中
        flag1 = True
        #检查当前集合中是否有元素不在另一个集合中
        for item in self.__data:
            if item not in anotherSet.__data:
                #当前集合中有的元素不属于另一个集合
                flag1 = False
                break


        #假设另一个集合的所有元素都在当前集合中
        flag2 = True
        for item in anotherSet.__data:
            if item not in self.__data:
                #另一个集合中有的元素不属于当前集合
                flag2 = False
                break
        #当前集合中有元素不在另一个集合中
        #而另一个集合中所有元素都在当前集合中
```

```
                    #则认为当前集合大于另一个集合
                    if  not flag1 and flag2：
                            return True
                    return False


        #>=运算符重载，集合包含关系
        def __ge__(self, anotherSet)：
            if not isinstance(anotherSet, Set)：
                raise Exception('类型错误')
            return self==anotherSet or self>anotherSet


        #提供方法，判断当前集合是否为另一个集合的真子集
        def issubset(self, anotherSet)：
            return self < anotherSet


        #提供方法，判断当前集合是否为另一个集合的超集
        def issuperset(self, anotherSet)：
            return self > anotherSet


        #提供方法，清空集合所有元素
        def clear(self)：
            while self.__data：
                del self.__data[-1]
            print('集合已清空')


        #运算符重载，使集合可迭代
        def __iter__(self)：
            return iter(self.__data)


        #运算符重载，支持 in 运算符
        def __contains__(self, value)：
            return value in self.__data


        #支持内置函数 len()
        def __len__(self)：
            return len(self.__data)


        #直接查看该类对象时调用该函数
        def __repr__(self)：
```

```
            return '{'+str(self.__data)[1:-1]+'}'
```

```
    #使用 print( )函数输出该类对象时调用该函数
    __str__ = __repr__
```

【例 7.3】 自定义栈,实现基本的入栈、出栈操作。

```
# Filename：Stack.py
# --------------------
# Function description：Stack and its operating
# --------------------


class Stack：
    def __init__(self, size = 10)：
        #使用列表存放栈的元素
        self._content = [ ]
        #初始栈大小
        self._size = size
        #栈中元素个数初始化为 0
        self._current = 0


    def empty(self)：
        #清空栈
        self._content = [ ]
        self._current = 0


    def isEmpty(self)：
        return not self._content


    def setSize(self, size)：
        #如果缩小空间时指定的新大小,小于已有元素个数
        #则删除指定大小之后的已有元素
        if size < self._current：
            for i in range(size, self._current)[::-1]：
                del self._content[i]
            self._current = size
        self._size = size


    def isFull(self)：
```

```
            return self._current = = self._size

        def push(self, v):
            #模拟入栈,需要先测试栈是否已满
            if self._current < self._size:
                self._content.append(v)
                #栈中元素个数加1
                self._current = self._current+1
            else:
                print('Stack Full! ')

        def pop(self):
            #模拟出栈,需要先测试栈是否为空
            if self._content:
                #栈中元素个数减1
                self._current = self._current-1
                return self._content.pop()
            else:
                print('Stack is empty! ')

        def show(self):
            print(self._content)

        def showRemainderSpace(self):
            print('Stack can still PUSH ', self._size-self._current, ' elements.')
if __name__ = = '__main__':
    print('Please use me as a module.')
```

【例7.4】自定义队列结构,实现入队、出队操作,提供超时功能。

```
# - * - coding:utf-8 - * -
# Filename: myQueue.py
# --------------------
# Function description: Queue of my own implementation
# --------------------

import time
```

```
class myQueue：
    def __init__(self, size = 10)：
        self._content = []
        self._size = size
        self._current = 0

    def setSize(self, size)：
        if size < self._current：          #如果缩小队列,应删除后面的元素
            for i in range(size, self._current)[::-1]：
                del self._content[i]
            self._current = size
        self._size = size

    def put(self, v, timeout=999999)：     #模拟入队,在列表尾部追加元素
                                           #队列满,阻塞,超时放弃
        for i in range(timeout)：
            if self._current < self._size：
                self._content.append(v)
                self._current = self._current+1
                break
            time.sleep(1)
        else：
            return '队列已满,超时放弃

    def get(self, timeout=999999)：         #模拟出队,从列表头部弹出元素'
                                           #队列为空,阻塞,超时放弃
        for i in range(timeout)：
            if self._content：
                self._current = self._current-1
                return self._content.pop(0)
            time.sleep(1)
        else：
            return '队列为空,超时放弃'

    def show(self)：                        #如果列表非空,输出列表
        if self._content：
            print(self._content)
        else：
```

```
                    print(' The queue is empty ')

        def empty( self ) :
            self._content = [ ]
            self._current = 0

        def isEmpty( self ) :
            return not self._content

        def isFull( self ) :
            return self._current == self._size

    if __name__ == '__main__' :
        print(' Please use me as a module.')
```

【例7.5】自定义常量类。

每个类和对象都有一个叫作__dict__的字典成员,用来记录该类或对象所拥有的属性。当访问对象属性时,首先会尝试在对象属性中查找,如果找不到就到类属性中查找。Python 内置类型不支持属性的增加,用户自定义类及其对象一般支持属性和方法的增加与删除。

在下面定义的常量类中,要求对象的成员必须大写,所有成员的值不能相同,并且不允许修改已有成员的值。

```
>>> class Constants :
        def __setattr__( self, name, value) :
                assert name not in self.__dict__, ' You can not modify '+name
                assert name.isupper( ) , ' Constant should be uppercase.'
                assert value not in self.__dict__.values( ) , ' Value already exists.'
                self.__dict__[ name ] = value

>>> t = Constants( )
>>> t.R = 3                              #成员不存在,允许添加
>>> t.R = 4                              #成员已存在,不允许修改
AssertionError: You can not modify R
>>> t.G = 4
>>> t.g = 4                              #成员必须大写
AssertionError: Constant should be uppercase.
>>> t.B = 4                              #成员的值不允许相同
AssertionError: Value already exists.
```

【**例** 7.6】自定义支持关键字 with 的类。

如果自定义类中实现了特殊方法__enter__( )和__exit__( )，那么该类的对象就可以像内置函数 open( )返回的文件对象一样支持 with 关键字来实现资源的自动管理。

```
class myOpen：
    def __init__(self, fileName, mode='r')：
        self.fp = open(fileName, mode)

    def __enter__(self)：
        return self.fp

    def __exit__(self, exceptionType, exceptionVal, trace)：
        self.fp.close()

with myOpen('test.txt') as fp：
print(fp.read())
```

习题

1.面向对象程序设计的三要素分别为_____、_____和_____。
2.简单解释 Python 中以下划线开头的变量名特点。

模块 8　文件

为了长期保存数据以便重复使用、修改和共享,必须将数据以文件的形式存储到外部存储介质(如磁盘、U 盘、光盘或云盘、网盘、快盘等)中。文件操作在各类应用软件的开发中均占有重要的地位,管理信息系统是使用数据库来存储数据的,而数据库最终还是要以文件的形式存储到硬盘或其他存储介质上。应用程序的配置信息往往也是使用文件来存储的,图形、图像、音频、视频、可执行文件等也都是以文件的形式存储在磁盘上的。

按文件中数据的组织形式把文件分为文本文件和二进制文件两类。

1)文本文件

文本文件存储的是常规字符串,由若干文本行组成,通常每行以换行符'\n '结尾。常规字符串是指记事本或其他文本编辑器能正常显示、编辑并且人类能够直接阅读和理解的字符串,如英文字母、汉字、数字字符串。文本文件可以使用字处理软件,如 gedit、记事本进行编辑。

2)二进制文件

二进制文件把对象内容以字节串(bytes)的形式进行存储,无法用记事本或其他普通字处理软件直接进行编辑,通常也无法被人类直接阅读和理解,需要使用专门的软件进行解码后才能读取、显示、修改或执行。常见的二进制文件有图形图像文件、音视频文件、可执行文件、资源文件、各种数据库文件、各类 office 文档等。

8.1　文件基本操作

文件内容操作三部曲:打开、读写、关闭。

> open(file, mode ='r ', buffering =−1, encoding =None, errors =None,
> newline =None, closefd =True, opener =None)

文件名指定了被打开的文件名称。

打开模式指定了打开文件后的处理方式。

缓冲区指定了读写文件的缓存模式。0 表示不缓存,1 表示缓存,如大于 1 则表示缓冲区的大小。默认值是缓存模式。

参数 encoding 指定对文本进行编码和解码的方式,只适用于文本模式,可以使用 Python 支持的任何格式,如 GBK、utf8、CP936 等。

如果执行正常,open()函数返回 1 个可迭代的文件对象,通过该文件对象可以对文件进行读写操作。如果指定文件不存在、访问权限不够、磁盘空间不够或其他原因导致创建文件对象失败,则抛出异常。

下面的代码分别以读、写方式打开了两个文件,并创建了与之对应的文件对象。

```
f1 = open('file1.txt', 'r')
f2 = open('file2.txt', 'w')
```

当对文件内容操作完以后,一定要关闭文件对象,这样才能保证所做的任何修改都被保存到文件中。

```
f1.close()
```

需要注意的是,即使写了关闭文件的代码,也无法保证文件一定能够正常关闭。例如,如果在打开文件之后和关闭文件之前发生了错误导致程序崩溃,这时文件就无法正常关闭。在管理文件对象时推荐使用 with 关键字,可以有效地避免这个问题。

用于文件内容读写时,with 语句的用法如下:

```
with open(filename, mode, encoding) as fp:
    #这里写通过文件对象 fp 读写文件内容的语句
```

另外,上下文管理语句 with 还支持下面的用法,进一步简化了代码的编写。

```
with open('test.txt', 'r') as src, open('test_new.txt', 'w') as dst:
    dst.write(src.read())
```

文件打开方式见表 8.1。

表 8.1　文件打开模式

模式	说明
r	读模式(默认模式,可省略),如果文件不存在,则抛出异常
w	写模式,如果文件已存在,先清空原有内容
x	写模式,创建新文件,如果文件已存在,则抛出异常
a	追加模式,不覆盖文件中原有内容
b	二进制模式(可与其他模式组合使用)
t	文本模式(默认模式,可省略)
+	读、写模式(可与其他模式组合使用)

文件对象常用属性见表 8.2。

表 8.2　文件对象常用属性

属性	说明
buffer	返回当前文件的缓冲区对象
closed	判断文件是否关闭,若文件已关闭,则返回 True
fileno	文件号,一般不需要太关心这个数字
mode	返回文件的打开模式
name	返回文件的名称

文件对象常用方法见表 8.3。

表 8.3　文件对象常用方法

方法	功能说明
close( )	把缓冲区的内容写入文件,同时关闭文件,并释放文件对象
detach( )	分离并返回底层的缓冲,底层缓冲被分离后,文件对象不再可用,不允许做任何操作
flush( )	把缓冲区的内容写入文件,但不关闭文件
read([size])	从文本文件中读取 size 个字符(Python 3.x)的内容作为结果返回,或从二进制文件中读取指定数量的字节并返回,如果省略 size 则表示读取所有内容
readable( )	测试当前文件是否可读
readline( )	从文本文件中读取一行内容作为结果返回
readlines( )	把文本文件中的每行文本作为一个字符串存入列表中,返回该列表,对于大文件会占用较多内存,不建议使用
seek(offset [, whence])	把文件指针移动到新的位置,offset 表示相对于 whence 的位置。whence 为 0 表示从文件头开始计算,1 表示从当前位置开始计算,2 表示从文件尾开始计算,默认为 0
seekable( )	测试当前文件是否支持随机访问,如果文件不支持随机访问,则调用方法 seek( )、tell( ) 和 truncate( ) 时会抛出异常
tell( )	返回文件指针的当前位置
truncate([size])	删除从当前指针位置到文件末尾的内容。如果指定了 size,则不论指针在什么位置都只留下前 size 个字节,其余的一律删除
write(s)	把 s 的内容写入文件

续表

方法	功能说明
writable( )	测试当前文件是否可写
writelines(s)	把字符串列表写入文本文件,不添加换行符

8.2 文本文件操作案例精选

【例 8.1】向文本文件中写入内容,然后再读出。

```
s = 'Hello world\n 文本文件的读取方法\n 文本文件的写入方法\n'
with open('sample.txt', 'w') as fp:        #默认使用 cp936 编码
    fp.write(s)

with open('sample.txt') as fp:             #默认使用 cp936 编码
    print(fp.read())
```

【例 8.2】读取并显示文本文件的前 5 个字符。

```
with open('sample.txt', 'r') s f:
    s = f.read(5)                          #读取文件的前 5 个字符

print('s =',s)
print('字符串 s 的长度(字符个数)=', len(s))
```

【例 8.3】读取并显示文本文件所有行。

```
with open('sample.txt') as fp:            #假设文件采用 CP936 编码
    for line in fp:                       #文件对象可以直接迭代
        print(line)
```

【例 8.4】移动文件指针。

Python 2.x 和 Python 3.x 对于 seek( )方法的理解和处理是一致的,都是把文件指针定位到文件中指定字节的位置。但是由于对中文的支持程度不一样,可能会导致在 Python 2.x 和 Python 3.x 中的运行结果有所不同。例如,下面的代码在 Python 3.5.2 中运行,当遇到无法解码的字符会抛出异常。

```
>>> s = '中国山东烟台 SDIBT'
>>> fp = open(r'D:\sample.txt', 'w')
>>> fp.write(s)
11
>>> fp.close()
>>> fp = open(r'D:\sample.txt', 'r')
>>> print(fp.read(3))
中国山
>>> fp.seek(2)
2
>>> print(fp.read(1))
国
>>> fp.seek(13)
13
>>> print(fp.read(1))
D
>>> fp.seek(3)
3
>>> print(fp.read(1))
UnicodeDecodeError: 'gbk' codec can't decode byte 0xfa in position 0:
illegal multibyte sequence
```

【例8.5】读取文本文件 data.txt(文件中每行存放一个整数)中所有整数,将其按升序排序后再写入文本文件 data_asc.txt 中。

```
with open('data.txt', 'r') as fp:
    data = fp.readlines()
data = [int(line.strip()) for line in data]
data.sort()
data = [str(i)+'\n' for i in data]
with open('data_asc.txt', 'w') as fp:
    fp.writelines(data)
```

【例8.6】编写程序,保存为 demo6.py,运行后生成文件 demo6_new.py,其中的内容与demo6.py 一致,但是在每行的行尾加上了行号。

```
filename = 'demo6.py'
with open(filename, 'r') as fp:
    lines = fp.readlines()
maxLength = len(max(lines, key=len))

lines = [line.rstrip()+' '*(maxLength-len(line))+'#'+str(index)+'\n'
         for index, line in enumerate(lines)]
with open(filename[:-3]+'_new.py', 'w') as fp:
    fp.writelines(lines)
```

【例 8.7】Python 程序中代码复用度检测。

```
# coding=utf-8
# --------------------
# Function description: Find the longest matches in source codes
# --------------------

from os.path import isfile as isfile
from time import time as time

Result = {}
AllLines = []
FileName = r'FindLongestReuse.py'
#FileName = input('Please input the file to check, including full path:')

#Read the content of given file
#Remove all the whitespace string of every line,
#preserving only one space character between words or operators
#note:The last line does not contain the '\n' character
def PreOperate():
    global AllLines
    with open(FileName, 'r', encoding='utf-8') as fp:
        for line in fp:
            line = ''.join(line.split())
            AllLines.append(line)

#Check if the current position is still the duplicated one
def IfHasDuplicated(Index1):
```

```
        for item in Result.values():
            for it in item:
                if Index1 == it[0]:
                    return it[1] #return the span
        return False


#If the current line Index2 is in a span of duplicated lines, return True,
else False
    def IsInSpan(Index2):

        for item in Result.values():
            for i in item:
                if i[0] <= Index2 < i[0] + i[1]:
                    return True
        return False


    def MainCheck():
        global Result
        TotalLen = len(AllLines)
        Index1 = 0
        while Index1 < TotalLen - 1:
            #speed up
            span = IfHasDuplicated(Index1)
            if span:
                Index1 += span
                continue
            Index2 = Index1 + 1
            while Index2 < TotalLen:
                #speed up, skip the duplicated lines
                if IsInSpan(Index2):
                    Index2 +=1
                    continue
                src = "
                des = "
                for i in range(10):
                    if Index2+i >= TotalLen:
                        break
```

```
            src += AllLines[ Index1+i]
            des += AllLines[ Index2+i]
            if src == des:
                t = Result.get( Index1, [ ])
                for tt in t:
                    if tt[ 0] == Index2:
                        tt[ 1] = i+1
                        break
                else:
                    t.append( [ Index2, i+1] )
                Result[ Index1] = t
            else:
                break
        t = Result.get( Index1, [ ])
        for tt in t:
            if tt[ 0] == Index2:
                Index2 += tt[ 1]
                break
        else:
            Index2 +=1


        #Optimize the Result dictionary, remove the items with span<3
        Result[ Index1] = Result.get( Index1, [ ])
        for n in Result[ Index1][ ::−1]: #Note: here must use the reverse slice
            if n[ 1] < 3:
                Result[ Index1].remove( n)
        if not Result[ Index1]:
            del Result[ Index1]


        #Compute the min span of duplicated codes of line Index1, modify the
step Index1
        a = [ ttt[ 1] for ttt in Result.get( Index1, [ [ Index1, 1] ] ) ]
        if a:
        Index1 += max( a)
```

```
        else：
            Index1 += 1


#Output the result
def Output( )：
    print('-' * 20)
    print('Result：')
    for key, value in Result.items( )：
        print('The original line is：\n {0}'.format(AllLines[key]))
        print('Its line number is {0}'.format(key+1))
        print('The duplicated line numbers are：')
        for i in value：
            print('    Start：', i[0], '    Span：', i[1])
        print('-' * 20)
    print('-' * 20)


if isfile(FileName)：
    start = time( )
    PreOperate( )
    MainCheck( )
    Output( )
    print('Time used：', time( ) - start)
```

习题

    1.假设有一个英文文本文件,编写程序读取其内容,并将其中的大写字母变为小写字母,小写字母变为大写字母。

    2.编写程序,将包含学生成绩的字典保存为二进制文件,然后再读取内容并显示。

    3.使用 shutil 模块中的 move( )方法进行文件移动。

    4.简单解释文本文件与二进制文件的区别。

    5.文件对象的_____方法用来将缓冲区的内容写入文件,但不关闭文件。

模块 9　库的应用

Python 的一大特色就是拥有非常完善的基础代码库和大量丰富的第三方库,可以很方便地实现各种功能。

库是具有相关功能模块的集合,库中有着数量庞大的模块(module)和包(package)可供使用。模块本质上是一个 py 文件,可实现一定的功能;而包是一个由模块和子包组成的 Python 应用程序执行环境,其本质是一个有层次的文件目录结构(必须带有一个_init_.py 文件)。本书从使用角度出发,不区分模块和包,统称为模块。

要想"现找现用"这些资源,首先就得知道解决某个问题需要用到什么模块,一般情况下,在互联网上进行问题的主题词搜索就会得到相应的信息;然后将指定模块导入当前程序。

下面就通过 2 个生动、实用的例子来学习库的应用。本节内容导读如图 9.1 所示。

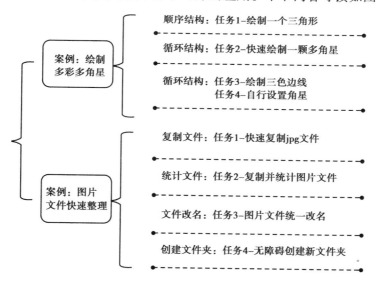

图 9.1　人工智能之 Python 基础内容导读

9.1　绘制多彩多角星

9.1.1　提出问题

对于一个初学者,如果想尝试用计算机来解决一些日常生活和学习中遇到的计算问题,就要学着"说"计算机能"懂"的话。那么,Python 作为一种计算机语言,它好学吗？作为一个 Python 初学者,想要很快通过编程完成一些任务,你觉得可能吗？下面就尝试绘制一些有趣的图形——多彩多角星(图9.2),体验 Python 编程的乐趣。

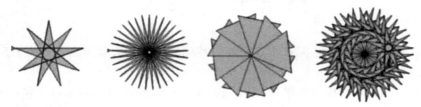

图 9.2　多彩多角星

9.1.2　解决方案

本案例的解决方案如图 9.3 所示。

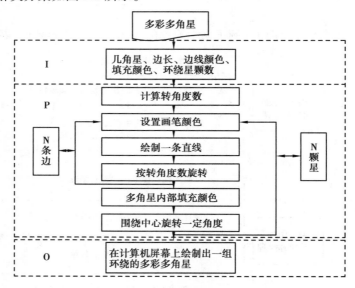

图 9.3　解决方案

这个问题的结果是在计算机屏幕上绘制出一组环绕的多彩多角星。多角星是指以头尾接续的边线构成的几何形状;多彩是指多角星的边线有不同的颜色,其内部也有填充颜色;环绕是指同一颗多角星围绕中心点均匀地绘制多次,从而构成更生动的几何图形。

解决这个问题的基本思路如下:首先,需要知道绘制的是几角星、边长是多少、边线有几种颜色、填充的又是什么颜色,以及有多少颗星星在环绕;其次,针对不同的角数(如五角星、九角星等)来设计具体怎么画,这里会涉及平面几何的内角、外角计算等;再次,让计算机按指定边长绘制这颗多角星,其边线颜色不同,内部还有不同的填充颜色;最后,通过旋转一定角度后反复绘制这颗多角星就能构成多星环绕。

在真正让计算机开"动"之前,我们首先要了解一些计算机的基础知识。

再识 Python 3。

1）导入模块：import 和 from… import

Python 利用 import 或 from… import 来导入相应的模块，必须在模块使用之前进行导入。因此，一般来说，导入总是放在文件的顶部，尽量按照这样的顺序：Python 标准库、Python 第三方库、自定义模块。

import 的语法如下：

import 模块名#导入一个模块
from 模块名 import 指定元素[as 新名称]#导入模块中的指定元素，新名称通常是
　　　　　　　　　　　　　　　　　　　简称
from 模块名 import ＊　　　　　　　　 #导入模块中的全部元素

比如，导入 turtle 库，输入以下命令：

import turtle

在当前程序中导入指定模块后，才能使用该模块中包含的各种功能，具体形式如下：

模块名.函数名（）

比如，让圆笔顺时针旋转 120°，输入以下命令：

Turtle.right（120）

2）库：turtle

turtle 是 Python 标准库，它是一个很流行的绘制图形的函数库：一只"小乌龟"从坐标原点开始，面朝正方向，受一组指令的控制，在平面直角坐标系中移动，从而在它爬行的路径上绘制出图形。

turtle 用于绘图的窗口称为画布（canvas），如图 9.4 所示。在画布上，默认有一个平面直角坐标系。在默认情况下，其坐标原点为画布的中心，正方向分别是 X 轴和 Y 轴的向右和向上方向。"小乌龟"也就是画笔，在坐标原点上头向右趴着，等待编程者的指令。

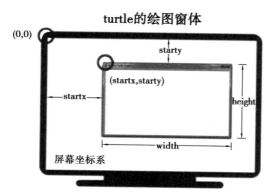

图 9.4　画布

①绘图命令。

操纵小乌龟绘图的命令可分为两种:运动和控制。主要的绘图命令见表9.1。

表9.1　绘图命令

命令	说明	命令类型
Turtle.forward（dist）	也可写成 turtle.fd（dist），向当前的画笔方向移动 dist 像素长度	运动
Turtle.backward（dist）	也可写成 turtle.back（dist）、turtle.bk（dist），向当前画笔的相反方向移动 dist 像素长度	运动
Turtle.right（degree）	顺时针转动 degree°	运动
turtle.left（degree）	逆时针转动 degree°	运动
Turtle.pendown（）	也可写成 turtle.down（），画笔移动时绘制图形（默认为绘制）	运动
Turtle.penup（）	也可写成 turtle.up（），提起画笔移动,不绘制图形（用于另起一个地方绘制）	运动
turtle.goto（x,y）	将画笔移动到坐标为（x,y）的位置	运动
Turtle.color（color1,color2）	同时设置 pencolor=color1 和 fillcolor = color2	控制
turtle.fillcolor（color = None）	绘制图形的填充颜色,color 没有值就返回当前的填充颜色	控制
Turtle.begin_fill（）	准备开始填充图形	控制
Turtle.end_fill（）	填充完成	控制

②画笔命令。

可以设置画笔的颜色、画线宽度和速度等属性。主要的画笔命令见表9.2。

表9.2　画笔命令

命令	说明
Turtle.pensize（size = None）	设置画笔的宽度:没有值,就返回当前画笔宽度;有值,就设置为画笔宽度（像素）
Turtle.pencolor（color = None）	设置画笔的颜色:没有值,就返回当前画笔颜色;有值,就设置为画笔颜色,可以是字符串如" red "" green "" blue ",也可以是 RGB 三元组

续表

命令	说明
turtle, speed（speed ＝ None）	设置画笔的移动速度:没有值,就返回当前画笔速度;有值,就设置为画笔绘制的速度;速度是[0,10]区间的整数,从1开始,数字越大越快,如果大于10或小于0.5,则速度设置为0（最快）;指定的字符串对应的速度值如下:" fastest "-0,直接成图,没有动画效果;" fast "-10,大概1 s;" normal "-6;" slow "-3;" slowest "-1

③其他命令。

turtle.done（）

上述命令必须是 turtle 图形程序中的最后一个语句。

Turtle.reset（）

上述命令用于清空窗口,重置 turtle 状态为起始状态。

9.1.3 任务 1—— 绘制一个三角形

新建文件"task1-l-l-star. py",按下述任务目标和任务分析编写源代码,完成任务 1。

任务目标:绘制一个三角形,能够灵活地设置三角形的边长、角度和颜色,为之后绘制多角星做准备。

任务分析:本任务是在引例 1-1-1 的基础上加以改进完成的,为边长、转角、颜色赋值后,依次绘制 3 条等长的线段,每条线段绘制完成后,画笔都顺时针转向 120°,从而构成等边三角形。

代码解析:任务 1 的源代码如图 9.5 所示。

```
1   #绘制一个三角形
2   import turtle
3
4   side_length=300
5   side_angle=180-180/3#等边三角形的外角度数为120°
6   side_color='blue'
7   turtle. color(side_color)
8   turtle. forward(side_length)
9   turtle. right(side_angle)
10  turtle. forward(side_length)
11  turtle. right(side_angle)
12  turtle. forward(side_length)
13  turtle. right(side_angle)
14  turtle. done()
```

图 9.5 任务 1 的源代码

代码行 1：注释行，用于简单说明程序功能。

代码行 2：导入 turtle 库，用于图形绘制。

代码行 3：空白行，用于分隔两段不同功能或含义的代码。

代码行 4：赋值语句，变量 side_length 表示三角形的边长，赋值为 300 像素。

代码行 5：赋值语句，变量 side_angle 表示顺时针转动的角度，赋值为 $180-180/3$，即 $120°$。

想一想：将 $120°$ 表示为 $180-180/3$，为什么？

这是因为公式中的 3 就表示三角形。这一点要记住，后面用得着。

注意：对于意思不太清楚或功能较为重要的代码，应有意识地增加注释。

代码行 6：变量 side.color 表示画笔颜色，赋值为蓝色（'blue'），blue 是字符串，这里要用一对单引号括住。

代码行 7：设置画笔颜色为变量 side.color 的值，即 'blue'；不直接用 'blue'，而是用变量来设置画笔颜色，是为了更大的灵活性。

代码行 8：绘制一条线段，长度为变量 side_length 的值。

代码行 9：将画笔顺时针转动，转角度数为变量 side_angle 的值。

代码行 10—13：将代码行 8 和 9（绘制一条边线）重复两次，即再绘制两条边线，从而构成三角形。

代码行 14：结束图形绘制。

任务 1 程序运行后的结果如图 9.6 所示。

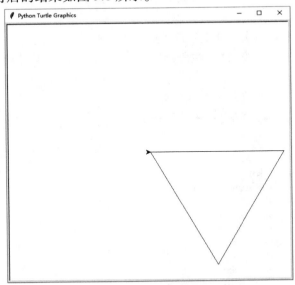

图 9.6　任务 1 程序运行结果

9.1.4　任务 2—— 快速绘制一颗多角星

在 PyCharm 中选择任务 1 程序文件"task1-1-1-star.py"，右击并在弹出的快捷菜单中选择 Refactor→Copy,将其复制一份,重命名为"task1-1-2-star.py"。按照下述任务目标和任务分析修改代码,完成任务2。

任务目标:绘制如图9.7所示的五角星、九角星和三十三角星。

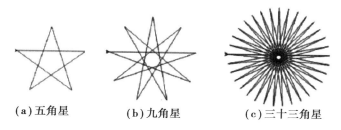

(a)五角星　　　　(b)九角星　　　　(c)三十三角星

图 9.7　五角星、九角星与三十三角星

任务1绘制了一个三角形,方法是先绘制一条边线(直线+转向),然后将绘制边线的动作重复两次,3条边就构成了一个三角形。如果要绘制五角星,那么,就需要再重复两次。当然,其中的转向角度是要有变化的。

对于更多角星呢?这样继续复制下去吗?计算机的优势如何体现?任务2就是要解决这些问题,下面分3个步骤来进行,分别为三角形变成五角星、用 for 语句来简化复制、快速灵活地设置。

①步骤1:三角形变成五角星。

步骤1分析:三角形变成五角星,转角公式的意义($side\_angle = 180-180/3$)就在于此。将3修改成5,就是绘制五角星所需顺时针转动的角度;将绘制一条边线(直线+转向)的两行代码再复制两次,共绘制5条边线,就构成了一颗五角星。

代码解析:步骤1的源代码如图9.8所示。

```
#绘制多彩多角形
import turtle

side_length=300
side_angle=180-180/5
side_color='blue'
turtle.color(side_color)
turtle.forward(side_length)
turtle.right(side_angle)
turtle.forward(side_length)
turtle.right(side_angle)
turtle.forward(side_length)
turtle.right(side_angle)
turtle.forward(side_length)
turtle.right(side_angle)
turtle.forward(side_length)
turtle.right(side_angle)
turtle.done()
```

图 9.8　步骤1的源代码

步骤1的代码在任务1代码的基础上进行了增加和修改,具体来说,有以下两处变化。

代码行5:修改代码。将3改成5,计算的结果就是绘制五角星所需的转角——144°。

代码行14—17:新增代码。将绘制一条边线的两行代码再复制两次,从而构成五角星。

完成步骤1后,程序运行结果如图9.9所示。

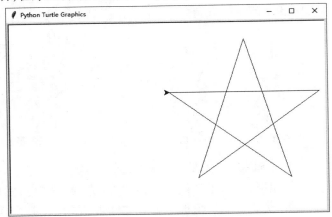

图 9.9　完成步骤1的程序运行结果

②步骤2:用for语句来简化复制。

步骤2分析:要绘制三十三角星就要复制30多遍代码是个笨办法。那么,如何对它进行结构上的改造,使其能高效地实现"重复"呢?这就需要使用循环结构。其具体功能是,将顺序结构中重复执行的代码块用for语句来实现。

提示:找到重复、发现规律是循环的重中之重。

代码解析:步骤2的源代码如图9.10所示。这里对步骤1的代码进行了结构改造:将5次重复的动作(绘制一条边线的两行代码)用for语句来实现。具体变化如下。

代码行8—10:修改代码。将之前的10行语句改用for语句来实现,其中,

```
for side in range(5):
```

range(5)会产生一个0~4内的整数序列,即[0,1,2,3,4],而side是遍历这个序列的变量,也就是说,它的值依次为0、1、2、3、4,即第一次执行时side为0,第二次执行时side为1,依此类推,而这个过程就是将for控制下的语句块重复执行5次。

在本步骤中,for语句用3行代码(代码行8、9、10)替换掉步骤1中的10行代码。重要的是,经过这样简单的改动,用3行代码就能完成任意次数的重复绘制边线功能,这就是循环结构的优势所在——灵活和高效。

注意:for语句以冒号(:)结尾,下面的两行代码都要有缩进。

③步骤3:快速灵活地设置。

步骤3分析:用步骤2中的for语句简化后的代码,最大的好处就是可以很方便地绘制出多角星。比如,想要绘制三十三角星,将5改成33即可。

注意:要修改两处——180-180/5、range(5)。

为了更加灵活地设置,增加一个变量side_num,用于表示几角星;相应地,在上述两处,就要将数字改成变量,便于统一处理。当然,我们想看的是绘制好的三十三角星,而这个绘制过程可能有点慢,因此,需要给画笔加速。

```
#绘制多彩多角星
import turtle

side_length=300
side_angle=180-180/5
side_color='blue'
turtle.color(side_color)
for side in range(5):
    turtle.forward(side_length)
    turtle.right(side_angle)
turtle.done()
```

图 9.10 步骤 2 的源代码

代码解析:步骤 3 的源代码如图 9.11 所示。步骤 3 的代码是在步骤 2 的代码基础上增加和修改后获得的,具体来说,有以下 4 处变化。

代码行 4:新增代码。将变量 side_num 赋值为 33,表示要绘制三十三角星。

代码行 6:修改代码。用变量 side_num 替换数字 33,计算出对应的转角度数。

代码行 9:新增代码。设置画笔绘制速度(turtle, speed)为 fastest,表示最快。

代码行 10:修改代码。用变量 side_num 替换数字 33,表示 for 循环的重复次数为 33。

完成步骤 3 后,程序运行结果如图 9.12 所示。

```
#绘制多彩多角星
import turtle

side_num=33
side_length=300
side_angle=180-180/side_num
side_color='blue'
turtle.color(side_color)
turtle.speed('fastest')
for side in range(side_num):
    turtle.forward(side_length)
    turtle.right(side_angle)
turtle.done()
```

图 9.11 步骤 3 的源代码

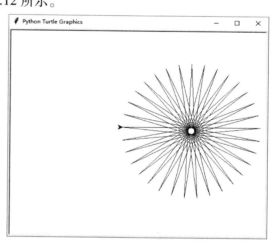

图 9.12 完成步骤 3 的程序运行结果

9.1.5 任务 3——绘制三色边线

在 PyCharm 中将任务 2 程序文件"task1-1-2-star.py"复制一份,并重命名为"task1-1-3_star.py"。按下述任务目标和任务分析修改代码,完成任务 3。

任务目标:之前绘制的多角星边线都是单一颜色(蓝色)的,现在要绘制有 3 种边线颜色(蓝、绿、红交替出现)的多角星。

任务分析:如何实现边线颜色的变化呢? 这里的颜色变化是有规律的,即蓝、绿、红三色交替出现,这种规律是可以通过判断来实现的。判断什么呢? 判断哪些边线的颜色是蓝色、哪些是绿色、哪些是红色。也就是说,不同的颜色与每条边线的对应关系可以通过 if 语句来实现,由于涉及 3 种颜色,就要用到 if-elif-else 结构。

代码解析:任务 2 的源代码如图 9.13 所示。

这里对任务 2 的代码进行了结构改造,将以下两行代码进行扩展:

```
side_color = 'blue'
turtle.color(side_color)
```

```
1     #绘制多彩多角星
2     import turtle
3
4     side_num=9
5     side_length=300
6     side_angle=180-180/side_num
7     turtle.speed('fastest')
8     for side in range(side_num):
9         if side%3==0:
10            side_color='blue'
11        elif side%3==1:
12            side_color='green'
13        else:
14            side_color='red'
15        turtle.color(side_color)
16        turtle.forward(side_length)
17        turtle.right(side_angle)
18    turtle.done()
```

图 9.13　任务 2 的源代码

具体来说,分以下两个步骤来进行。

①步骤 1:移动代码,增加缩进。

如图 9.14 所示,代码行 9—10:移动代码,增加缩进。

需要将上面的两行代码(画笔颜色变量赋值、设置画笔颜色)从 for 语句之外移动到 for 语句的控制范围内,而且要放在绘制边线(turtle, forward)的代码之前。也就是说,对于每一条边线,先设置画笔颜色,再进行绘制。

```
1     #绘制多彩多角星
2     import turtle
3
4     side_num=9
5     side_length=300
6     side_angle=180-180/side_num
7     turtle.speed('fastest')
8     for side in range(side_num):
9         side_color='blue'
10        turtle.color(side_color)
11        turtle.forward(side_length)
12        turtle.right(side_angle)
13    turtle.done()
```

图 9.14　步骤 1 的源代码

②步骤 2:修改代码。

如图 9.15 所示,代码行 9—14:修改代码。

3 种画笔颜色与每一条边线的对应关系要通过 if 语句来实现,那么,需要将直接设置画笔颜色的代码(side_color = 'blue')修改成多分支结构的 if 语句,其中的判断是针对变量 side 的值进行的。

> for side in range(side_num):

在 for 语句中,变最 side 的值依次为 0,1,…,side_num-1,可以对应每一条边线(即第 1 条边线 side 为 0,第 2 条边线 side 为 1,以此类推),而 side%3 的结果只有 3 种情况:0、1、2,正好与 3 种颜色相对应。

```
8    for side in range(side_num):
9        if side%3==0:
10           side_color='blue'
11       elif side%3==1:
12           side_color='green'
13       else:
14           side_color='red'
15       turtle.color(side_color)
```

图 9.15　步骤 2 的源代码

注意:取模运算符%的灵活运用,m%n 的结果是在[0,n-1]范围内取值。

在这里,为了能看清线条颜色,将三十三角星改为九角星(代码行 4)。任务 3 程序运行后的结果如图 9.16 所示。

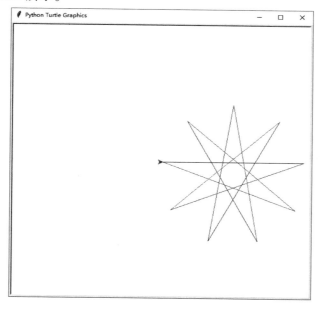

图 9.16　任务 3 程序运行结果

9.1.6　任务 4—— 自行设置角星

在 PyCharm 中将任务 3 程序文件"task1-1-3-star. py"复制一份,并重命名为"task1-1-4-star.Py"。按下述任务目标和任务分析,修改代码,完成任务 4。

任务目标:当前绘制的角星边长和角数都是在代码中直接赋值的(side_num = 9 和 side_length = 300),这在灵活性上有所欠缺,希望能够自行设置。此外,为了让角星更漂亮,我们要为它填充颜色。

任务分析:角星边 K、角数、填充颜色可以从键盘输入所希望的值,而为绘制的三色角星填充颜色需要一定的步骤,即准备开始填充、填充颜色、结束填充。

代码解析:任务 4 的源代码如图 9.17 所示。

```python
#绘制多彩多角星
import turtle

fill_color=input("角星的填充颜色 (gold, yellow, pink)?")
side_num=int(input("想画几角星？")) #9
side_length=int(input("角星边长是多少?")) #300
side_angle=180-180/side_num
turtle.speed('fastest')
turtle.begin_fill()
for side in range(side_num):
    if side%3==0:
        side_color='blue'
    elif side%3==1:
        side_color='green'
    else:
        side_color='red'
    turtle.color(side_color,fill_color)
    turtle.forward(side_length)
    turtle.right(side_angle)
turtle.end_fill()
turtle.done()
```

图 9.17　任务 4 的源代码

任务 4 的代码在任务 3 的代码基础上进行了增加和修改。具体变化如下:

代码行 4:新增代码。变量 fill_color 表示角星的填充颜色,通过 input 函数为其赋值,实现由用户从键盘自行输入所希望绘制图形的填充颜色。

代码行 5—6:修改代码。变量 side_num, side_length 分别表示角数和边长,通过 input 函数为其赋值,由于从键盘输入的内容会被作为字符串来处理,而角数、边长都应该是整数,因此,需要用 int 函数进行数字类型的转换。

代码行 9:新增代码。准备开始填充(turtle.begin_fill),特别需要注意的是,for 语句实现了全部边线的绘制,因此,本行代码一定要放在 for 语句的前面(循环之外),表示在绘制边线之前就开始准备,没有缩进。

代码行 17:修改代码。设置填充颜色(turtle. color)为 fill_color 的值,在这里,turtle.color (color1 ,color2)可同时设置画笔颜色和填充颜色,即 pencolor=color1 和 fillcolor = color2。

代码行 20:新增代码。结束填充(turtle. end_fill),同样,本行代码要放在 for 语句的后面(循环之外),表示在边线绘制完成之后要立即填充颜色并结束填充,也没有缩进。

任务 4 程序运行后的结果如图 9.18 所示。在系统提示后,用户从键盘输入相应的值并按回车键,计算机根据输入的数据绘制图形。

C:\Users\admin\PycharmProjects\untitled\venv\Scripts\python.exe C:/Users/admi
角星的填充颜色 (gold, yellow, pink)?gold
想画几角星? 19
角星边长是多少?321

(a)任务4程序代码

(b)任务4运行结果

图 9.18　任务 4 程序运行结果

通过这样 4 个任务,利用 for 语句的高效重复、if 语句的逻辑判断,计算机就能根据指令绘制出一颗漂亮的多彩多角星。在理解和分析的基础上,将问题进行合理的分解,由简单到复杂,逐步解决。

9.1.7　拓展任务:多星环绕

任务目标:绘制一组环绕的多彩多角星,即同一颗多彩多角星围绕中心点均匀地复制多次,构成更生动的几何图形。

任务分析:以原点为中心,同一颗多角星经过多次旋转构成最后的图形。这里就需要增加一个变量 star_num,用于表示环绕星的颗数。有了它,就可以利用 for 语句完成重复绘制。同样,也可以计算出环绕所需要旋转的角度,即 360/star_num。

本任务的关键之处在于理解多星环绕实质上就是重复绘制同一颗多角星。重复意味着又一层循环,也就是说,还需要用 for 语句来控制多颗星的绘制,即 for 语句的嵌套。

```
for star in range (star_num):
    for side in range (side_num):
```

无论是单层还是嵌套的循环结构,对于初学者来说,不能一下子就写出 for 语句是很正常的事情,可以逐步完成。先用顺序结构一行一行地写,但是,在这个过程中,一定要关注重复代码,即完全一样的代码或功能相同、只改了部分数据的代码,找到有规律的重复是循环结构实现的基础,之后用循环语句进行改写就变得相对容易了。

请读者自行尝试实现,一定要注意缩进!

拓展任务程序运行后的结果如图9.19所示。

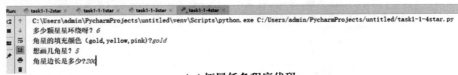

(a)拓展任务程序代码

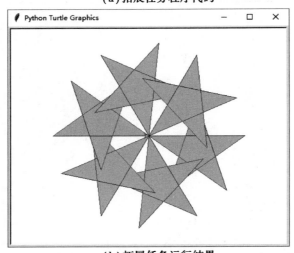

(b)拓展任务运行结果

图9.19　拓展任务程序运行结果

到这里,你的第一个Python程序——不到25行的代码,就实现了灵活绘制多颗多彩多角星。

在这个过程中,要结合预备知识中的相关内容,查看和运行代码;通过运行后的结果,直观地体验Python的特点和作用,进而加深对代码的理解。当然,你也可以自己提出问题,并编写代码解决问题,然后反复观察运行结果并深入思考,这样就能对利用Python解决实际问题的基本流程有一定的了解。

9.2　图片文件快速整理

9.2.1　提出问题

很多时候会遇到这样一种情况:打开网页,发现里面有很多自己感兴趣、未来可能会用到的图片素材。那接下来要怎么办呢?

如图9.20所示,是否可以把所有网页素材文件中的图片文件复制到一个新文件夹中,并统一改成方便记忆和查看的名字,以便进一步使用呢?

（a）包含很多图片素材的网页

文件名(N)：哔哩哔哩 (ﾟ-ﾟ)つロ 干杯~-bilibili.html

保存类型(T)：网页，全部 (*.htm;*.html)

（b）保存网页全部内容

名称	类型
2.b59b1.function.chunk.js	JScript Script 文件
2b38e32284ec57bedf0384ff44e0ce86c679a39f.jpg@412w_232h_1c_100q.jpg	图片文件(.jpg)
3.31e81.function.chunk.js	JScript Script 文件
3d6b189e0ea775a3f62d28846bfa0981.jpg	图片文件(.jpg)
4cdabb52068f07bb51bb4ecca48b9e718c305c37.jpg	图片文件(.jpg)
6e9c6d12f1dc4d75a5dc226c113ff39656362bcd.jpg@412w_232h_1c_100q.jpg	图片文件(.jpg)
8a0d2bf5d07cf6551aeff01f5e5978def771e174.jpg@880w_388h_1c_95q	JPG@880W_388...
8babb116d50cce24e0f596ba012b0bb54ca5d6ba.jpg@412w_232h_1c_100q.jpg	图片文件(.jpg)
8c6ae933db6b7eb649e0e935fbdf82dfa7ea7eb3.jpg@412w_232h_1c_100q.jpg	图片文件(.jpg)
8fb92b080b7bc34f21522a804c58dc598208569a.jpg@412w_232h_1c_100q.jpg	图片文件(.jpg)
31b8d2617cb8d6b01e98425b7eba39ae9f973c20.png	图片文件(.png)
035ba976790606e5cb41361eb8a050a3a1dd5fea.jpg@412w_232h_1c_100q.jpg	图片文件(.jpg)
43c336086288363dd45e1ea3ed76ae31e3af420c.jpg@412w_232h_1c_100q.jpg	图片文件(.jpg)
265abcb38e21b3be500f0bfee3fb7e34d8f4a59f.png@412w_232h_1c_100q.png	图片文件(.png)
458f9f0c89fd412955f03143114dbd282e8f0836.jpg@412w_232h_1c_100q.jpg	图片文件(.jpg)
580ec9d87a5a6d2ab42bf4ecd8200766004e2bb6.jpg@412w_232h_1c_100q.jpg	图片文件(.jpg)
0747d26dbbc3bbf087d47cff49e598a326b0030c.jpg@320w_330h_1c.webp	图片文件(.webp)
7922ecea5cc76fe3c8c177e1d4a6c8cf1c36a700.jpg	图片文件(.jpg)
37214e4ced17f2aeab242b0d5f20a243.png	图片文件(.png)
abd53e1c12648b8652040a28ceca97ef87f1ba1a.png	图片文件(.png)
abfe03ca09e2051e5edc2693499f5db4d72e0e79.png	图片文件(.png)

（c）文件列表

名称	类型	大小
1.jpg	图片文件(.jpg)	14 KB
2.jpg	图片文件(.jpg)	26 KB
3.webp	图片文件(.webp)	17 KB
4.png	图片文件(.png)	307 KB
5.png	图片文件(.png)	11 KB
6.png	图片文件(.png)	64 KB

（d）统一改名

图 9.20　图片文件快速整理

9.2.2　解决方案

本案例的解决方案如图 9.21 所示。

这个问题的结果是在一个新建文件夹中存放重新命名（以数字顺序编号）的所有图片文件。

解决这个问题的基本思路如下:首先,新建一个文件夹,用于存放图片文件;然后,从大量文件中选择图片文件,网页中常用的图片类型有 4 种(jpg、png、gif、webp);最后,将这些图片文件复制到新建文件夹中并统一改名。其中,选择图片文件涉及重复工作,需要对当前文件夹中的所有文件(夹)进行逐个判断。如果是图片文件,才进行进一步处理。

基于以上思路,问题的解决就会涉及操作系统的文件和文件夹操作,因此,需要用到相应的 Python 标准库——os 和 shutil。

在这里需要说明一下,在涉及文件系统时,通常会交替使用术语"文件夹"和"目录",在本节中统一采用"文件夹"。

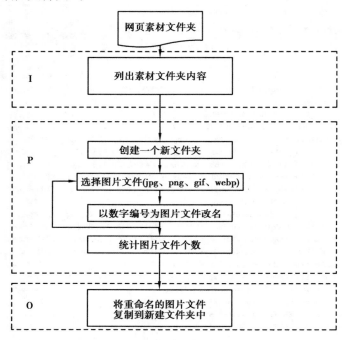

图 9.21　解决方案

9.2.3　预备知识

(1)内置函数:len 和 str

1)len

len(object)

len 函数返回对象的长度或元素个数。其中,object 为对象(字符、列表、元组等)。比如:

len(' hello ')

返回 5,表示字符串包含 5 个字符。

2）str

> str（object）

str 函数将对象转换成其字符串表现形式。其中，object 为对象（数字等）。比如：

> str（123.4）

返回 ' 123.4 '，就是将浮点数 123.4 转换成字符串 ' 123. 4 '。

（2）字符串：转义符和 endswith 方法

前面简单介绍了字符串的基本概念和用法，在这里对一种特别的字符串——转义符，以及字符串的一个常用方法——endswith 进行说明。

1）转义符

如果代码中要用到一些特殊的字符、无法看见的字符，以及与计算机语言本身语法有冲突的字符，就需要使用一个特别的符号——反斜杠（\），称为转义符，表示反斜杠后面的字符已经不是它本来的含义了。在这里先介绍几个常用的转义符，见表 9.3。

表 9.3 常用转义符

转义符	描述	转义符	描述
\n	换行，将当前位置移到下一行开头	\t	水平制表，跳到下一个 Tab 位置
\b	退格，将当前位置移到前一列	\（在行尾时）	续行符

特别注意：对于初学者来说，转义符好像有些复杂，其实不用刻意去记那些重要的转义符，关键是在阅读代码时，如果看到反斜杠，要有意识地提醒自己，这里要转义了！

2）endswith

> x.endswith(suffix[, start[,end]])

x 表示一个字符串或字符串变量，suffix 可以是一个字符串或一个元素，start 表示字符串中的开始位置，end 表示字符串中的结束位置，start 与 end 为可选项。

字符串的 endswith 方法用于判断字符串是否以指定后缀（suffix）结尾，如果是以指定后缀结尾，则返回 True；否则，就返回 False。比如：

> ' python '.endswith(' py ')

返回 False。

> ' python '. endswith(' on ')

返回 True。

（3）库：os

os 库提供了通用的、基本的操作系统交互功能，它是 Python 标准库，包含几百个函数，常用的功能包括路径操作、进程管理、环境参数等。

1）导入库

```
import os
```

2）文件和文件夹操作

- getcwd。

```
os.getcwd（）
```

获取当前工作的文件夹，括号中不需要参数。

- mkdir。

```
os.mkdir（dirname）
```

创建一个新文件夹。其中，dirname 为要创建的文件夹名。比如：

```
os.mkdir（"chap2"）
```

会在当前文件夹下创建一个名为 chap2 的文件夹。

要注意的是，如果该文件夹名已经存在，则无法创建这个文件夹，系统就会提示"FileExistsError：［WinError 183］当文件已存在时，无法创建该文件：'chap2'"。

- listdir。

```
os.listdir（dirname）
```

以列表的形式返回指定文件夹下的所有内容（包括文件夹和文件）。其中，dirname 为要查看内容的文件夹名。比如：

```
os.listdir（"new"）
```

其结果以列表的形式全部列举出来，其中并没有区分文件夹和文件。

有一个很典型的用法，就是列出当前文件夹下的内容：

```
os.listdir（os.getcwd（））
```

3）path 子库

以 path 为入口，用于操作和处理文件路径。

- isfile。

```
os.path.isfile（filename）
```

判断指定的对象是否为文件，如果是，则返回 True；否则，返回 False。其中，filename 为文件名。比如：

```
os.palh. isfile（'a.txt'）
```

如果文本文件 a.txt 存在，就返回 True；否则，返回 False。

- isdir。

os.path.isdir(dirname)

判断指定的对象是否为文件夹,如果是,则返回 True;否则,返回 False。其中,dirname 为文件夹名。比如:

os.path.isdir(' new ')

如果文件夹 new 存在,就返回 True;否则,返回 False。

● exists。

os.path.exists(name)

判断指定的对象是否存在,如果存在,则返回 True;否则,返回 False。其中,name 为文件或文件夹名。比如:

os.path.exists (' old ')

只要 old 存在,不管是文件还是文本夹,就返回 True;否则,返回 False。

【例 9.1】(exp1-2-1.py)显示当前文件夹中的文本文件。

①例题描述。

显示当前文件夹(C:\用户\admin\PycharmProjects\untitled)下的文本文件,该文件路径下的内容如图 9.22 所示。

图 9.22 C:\用户\admin\PycharmProjects\untitled 下的内容

②例题分析。

首先,要获取当前文件夹下的所有内容(包括文件和文件夹);然后,针对这些内容中的每一项进行判断,如果是文本文件,就在屏幕上显示其文件名,如图 9.23 所示。

图 9.23　例 9.1 效果

③例题实现。

例题 9.1 的源代码如图 9.24 所示。

```
1   #引例1-2-1：显示当前文件夹中的文本文件
2   import os
3
4   dir_files=os.listdir(os.getcwd())
5   print('当前文件夹下共有',len(dir_files),'个文件(夹)：',dir_files)
6
7   print('\n文本文件包括：')
8   for file in dir_files:
9       if file.endswith('.txt'):
10          print(file)
```

for file in dir_files › if file.endswith('.txt')

图 9.24　例 9.1 的源代码

④源代码分析。

代码行 2：导入 os 库，用于获取当前文件夹及列出文件夹内容。

代码行 4：变量 dir_files 用于存放当前文件夹(os.getcwd)下所有内容(os. listdir，文件和文件夹名)所组成的序列——［'.idea'，'00-这是一个文件夹'，'0v.txt'，'1v. txt'，'exp1_2_1. py'，'old.txt'，'tmpW. Png'，'tmpX. Webp'，'tmpY.jpg'，'tmp Z.gif'，'vvv. txt'］。

代码行 5：在屏幕上显示文件夹内容(dir_files)，以及其中所包含的文件(夹)的总个数(len)。

代码行 7：在屏幕上显示提示信息。其中，\n 是转义符，表示换行，这样就与前面的内容之间有了空隙，便于查看。

代码行 8—10：混合结构，即循环中包含单分支选择，用于对文件夹内容(dir_files) 中的每一个文件(夹)名进行判断。

●代码行 8：这是 for-in 语句的另一种使用方法，不是与 range 函数配合使用，而是遍历一个现成的序列(dir_files)。file 是遍历这个序列的变量，也就是一个文件(夹)名，它的值依次为'.idea''00-这是一个文件夹''0v.txt'、…、'vvv.txt'，即第一次执行时 file 为

'.idea',第二次执行时 file 为'00-这是一个文件夹',第三次执行时 file 为'0v.txt',以此类推,而这个过程就是将 for 控制下的单分支 if 语句重复执行。

● 代码行 9—10:这是一个单分支 if 语句,对文件名(file)是否以.txt 结尾进行判断,只针对判断结果为 True 的情况进行处理——在屏幕上显示文本文件名。

(4)库:shutil

shutil 是高级的文件、文件夹、压缩包处理模块。

1)导入库

```
import shutil
```

2)copyfile

```
shutil.copyfile(file1,file2)
```

不用打开文件,直接用文件名进行覆盖复制。其中,file1 是源文件名,file2 是目标文件名。比如:

```
shutil.copyfile("1.txt","3.txt")
```

就是将文本文件 1.txl 复制一份,命名为 3. txt。

【例 9.2】(exp1-2-2. py)新建文件夹并复制一个文件。

①例题描述。

把当前文件夹(C:\用户\admin\PycharmProjects\untitled)下的一个指定文件复制到一个新文件夹下。

②例题分析。

首先,在屏幕上显示当前文件夹下的所有内容(包括文件和文件夹);然后,从键盘输入想要新建的文件夹名,并创建这个文件夹;接着,从键盘输入想要复制的文件名,并将这个文件复制到新建的文件夹下;最后,在屏幕上显示新建文件夹下的内容,效果如图 9.25 所示。

```
C:\Users\admin\PycharmProjects\untitled\venv\Scripts\python.exe C:/Users/admin/PycharmProjects/untitled/exp1-2-2.py
当前文件夹下共有 12 个文件(夹): ['.idea', '00这是一个文件夹', '0v.txt', '1v.txt', 'exp1-2-2.py', 'old.txt', 'tmpw.png', 'tmpx.wet

请输入要新建的文件夹名: new
请输入要复制的文件名: 0v.txt
0v.txt 已复制

new 文件夹中的文件: ['0v.txt']

Process finished with exit code 0
```

图 9.25　例 9.2 效果

③例题实现。

例 9.2 的源代码如图 9.26 所示。

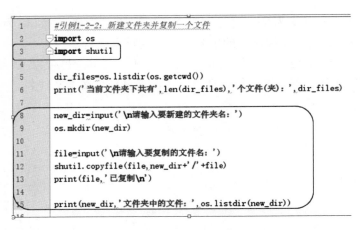

```
1    #引例1-2-2：新建文件夹并复制一个文件
2    import os
3    import shutil
4
5    dir_files=os.listdir(os.getcwd())
6    print('当前文件夹下共有',len(dir_files),'个文件(夹)：',dir_files)
7
8    new_dir=input('\n请输入要新建的文件夹名：')
9    os.mkdir(new_dir)
10
11   file=input('\n请输入要复制的文件名：')
12   shutil.copyfile(file,new_dir+'/'+file)
13   print(file,'已复制\n')
14
15   print(new_dir,'文件夹中的文件：',os.listdir(new_dir))
16
```

图 9.26 例 9.2 的源代码

④源代码分析。

代码行 3：导入 shutil 库，用于复制文件。

代码行 8：变量 new_dir 表示新文件夹名，通过 input 函数为其赋值，实现由用户从键盘自行输入所希望创建的文件夹名。

代码行 9：在当前文件夹下创建（os.mkdir）一个文件夹，命名为变量 new_dir 的值。

代码行 11：变量 file 表示文件名，通过 input 函数为其赋值，实现由用户从键盘自行输入所希望复制的文件名。

代码行 12：以如图 9.25 所示的输入值为例（file 的值为 0v.txt，new_dir 的值为 new），其功能是将文件 0v.txt 复制一份，命名为 new/0v.txt。也就是说，将当前文件夹下的文件（0v.txt）复制到新建的文件夹（new）下，文件名不变。

9.2.4　任务 1——快速复制 jpg 文件

新建文件"task1-2-1.py"，按下述任务目标和任务分析编写代码，完成任务 1。

任务目标：将当前文件夹下所有 jpg 图片文件复制到一个新文件夹下。

任务分析：首先，列出当前文件夹下的所有文件（夹）；然后，由键盘输入想要创建的文件夹名称，并在当前文件夹下创建这个新文件夹；接着，针对当前文件夹下的所有文件（夹），逐个判断是否为 jpg 图片文件，如果是 jpg 图片文件，就将该文件复制到新建的文件夹下；最后，列出新建文件夹下的内容，以便查看操作结果。

代码解析：任务 1 的源代码如图 9.27 所示。

代码行 2—3：导入 os 和 shutil 库，用于文件夹和文件操作。

代码行 5：典型用法——os.listdir（os.getcwd（）），变量 dir_files 用于存放当前文件夹内容（所有文件和文件夹名所组成的序列）。

代码行 6：在屏幕上显示（print）文件夹内容（dir_files），以及其中所包含的文件（夹）的总个数（len）。

```
1    #图片文件快速整理
2    import os
3    import shutil
4
5    dir_files=os.listdir(os.getcwd())
6    print('当前文件夹下共有',len(dir_files),'个文件(夹) : ',dir_files)
7
8    new_dir=input('\n请输入要新建的文件名: ')
9    os.mkdir(new_dir)
10
11   print('\n图片文件开始复制')
12   for file in dir_files:
13       if file.endswith('.jpg'):
14           shutil.copyfile(file,new_dir + '/' + file)
15           print(file, '已复制')
16   print('\n',new_dir, '文件夹中的文件: ', os.listdir(new_dir))
17
```

图 9.27　任务 1 的源代码

代码行 8:变量 new_dir 表示新文件夹名,通过 input 函数为其赋值,实现由用户从键盘自行输入所希望创建的文件夹名;这里的\n 是转义符,表示换行,这样就与前面的内容之间有了空隙,便于查看。

代码行 9:在当前文件夹下创建(os.mkdir)一个文件夹,命名为变量 new_dir 的值。

代码行 11:在屏幕上显示提示信息。

代码行 12—15:混合结构,即循环中包含单分支选择,用于对文件夹内容(dir_files)中的每一个文件(夹)名进行判断。

• 代码行 12:这是 for-in 语句的另一种使用方法,不是与 range 函数配合使用,而是遍历一个现成的序列(dir_files)。file 是遍历这个序列的变量,也就是一个文件(夹)名,它依次从序列中取值,而这个过程就是将 for 控制下的单分支 if 语句重复执行。

• 代码行 13—15:这是一个单分支 if 语句。对文件名(file)是否以.jpg 结尾(file.endswith)进行判断,只针对判断结果是 True 的情况进行处理,即如果是 jpg 图片文件,就将它复制(shutil.copyfile)到新建的文件夹(new_dir)下,文件名不变。

在这里要注意以下几点:①if 语句是单分支结构,只针对文件是 jpg 图片文件的情况进行处理;②new_dir + '/' + file 中的'/'表示层次结构,也就是说,将文件复制到新建的文件夹(new_dir)下,但文件名(file)不改变;③使用 for 循环就是要对文件夹下的每一个文件进行处理,从而保证所有的 jpg 文件都会被复制。

代码行 17:在屏幕上显示新建文件夹(new_dir)下的所有文件名(os.listdir),从而查看复制了所有 jpg 文件之后的结果。

任务 1 程序运行后的结果如图 9.28 所示。

```
C:\Users\admin\PycharmProjects\untitled\venv\Scripts\python.exe C:/Users/admin/PycharmProjects/untitled/task1-2-1.py
当前文件夹下共有 18 个文件(夹)：['.idea', '00这是一个文件夹', '035ba976790606e5cb41361eb8a050a3a1dd5fea. jpg@412w_232h_1c_100q.jp

请输入要新建的文件名：new.jpg

图片文件开始复制
035ba976790606e5cb41361eb8a050a3a1dd5fea. jpg@412w_232h_1c_100q.jpg 已复制
43c336086288363dd45e1ea3ed76ae31e3af420c. jpg@412w_232h_1c_100q.jpg 已复制
8babb116d50cce24e0f596ba012b0bb54ca5d6ba. jpg@412w_232h_1c_100q.jpg 已复制
8c6ae933db6b7eb649e0e935fbdf82dfa7ea7eb3. jpg@412w_232h_1c_100q.jpg 已复制
8fb92b080b7bc34f21522a804c58dc598208569a. jpg@412w_232h_1c_100q.jpg 已复制
tmp.jpg 已复制

newjpg 文件夹中的文件：['035ba976790606e5cb41361eb8a050a3a1dd5fea. jpg@412w_232h_1c_100q.jpg', '43c336086288363dd45e1ea3ed76ae31e

Process finished with exit code 0
```

图 9.28　任务 1 程序运行结果

9.2.5　任务 2——复制并统计图片文件

在 PyCharm 中选择任务 1 程序文件"task1-2-1.py"，右击并在弹出的快捷菜单中选择 Refactor→Copy，将其复制一份，重命名为"task1-2-2.py"。按下述任务目标和任务分析修改代码，完成任务 2。

任务目标：网页中常用的图片类型主要有 jpg、png、gif、webp，因此，在任务 1 的基础上，将判断"是否为 jpg 图片文件"扩展为判断"是否为任意一种图片文件"；在判断条件完整的情况下，复制图片文件并统计图片文件的总个数。

任务分析：针对 4 种图片类型，需要将之前的判断条件由一个(jpg)增加至 4 个（jpg、png、gif、webp），它们之间的逻辑关系是"或者"，也就是说，只要文件的扩展名是其中的任何一种，该文件就是图片文件，图片文件的个数就会递增；全部文件处理完成后，图片文件的总数也就统计出来了。

代码解析：任务 2 的源代码(部分)如图 9.29 所示。

```
8   new_dir=input('\n请输入要新建的文件名：')
9   os.mkdir(new_dir)
10
11  cn=0
12  print('\n图片文件开始复制')
13  for file in dir_files:
14      if file.endswith('.jpg') or file.endswith('.png') or \
15          file.endswith('.gif') or file.endswith('.webp'):
16          cn+=1
17          shutil.copyfile(file, new_dir + '/' + file)
18          print(file, '已复制')
19
20  print('\n共复制了', cn, '个图片文件')
21  print('\n', new_dir, '文件夹中的文件：', os.listdir(new_dir))
```

图 9.29　任务 2 的源代码(部分)

任务 2 的代码在任务 1 的代码基础上进行了增加和修改，具体来说，有以下 4 处变化。

代码行 11：新增代码。在进行图片文件个数统计之前，先将图片文件计数变量（cn）赋初值为 0。

代码行 14—15：修改代码。任务 1 是对一个条件的判断，即文件扩展名为.jpg。

> if file.endswith('.jpg'):

这里变成了对 4 个条件的判断，以关键字 or 表示逻辑关系，即文件的扩展名只要满足这 4 个条件中的任何一个，这个文件就是图片文件。

> If file.endswith('.jpg') or file.endswith('.png') or
> \file. endswith('. Gif') or file.endswith('. Webp'):

注意：这里的"\"是在第 14 行的行尾出现的，因而也是转义符的一种，即续行符，表示这句代码没有写完，但由于内容过长等原因，需要从新的一行开始写。

代码行 16：新增代码。"＋＝"表示加法赋值（cn = cn+1），也就是说，一旦判断为图片文件，图片文件计数变量（cn）就会加 1，实现图片文件个数的递增。

代码行 20：新增代码，在屏幕上显示提示信息——已复制文件的个数。

任务 2 程序运行后的结果如图 9.30 所示。

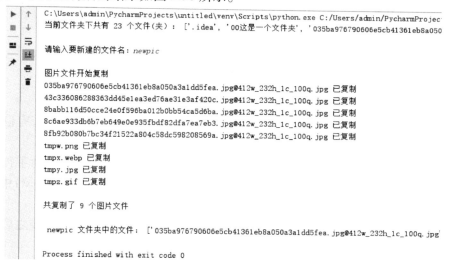

图 9.30　任务 2 程序运行结果

9.2.6　任务 3——图片文件统一改名

在 PyCharm 中将任务 2 程序文件"task1-2-2. py"复制一份，并重命名为"task1-2-3. py"。按下述任务目标和任务分析修改代码，完成任务 3。

任务目标：在之前的任务中，所有图片文件都是直接复制到新文件夹下的，文件名并未改变，部分长文件名看起来像乱码。因此，需要在复制图片文件的同时，改变文件名，以便进一步使用。

任务分析:要实现将所有图片文件在复制的过程中进行快速、统一的改名,就是要保证在图片文件的扩展名不变的前提下,将文件名简化、规律化,在本任务中就以数字进行编号(从 1 开始)。具体来说,将数字编号和文件扩展名进行字符串拼接,得到新的图片文件名,将其作为文件复制的目标文件名,从而在文件复制过程中直接改名。代码解析:任务 3 的源代码(部分)如图 9.31 所示。

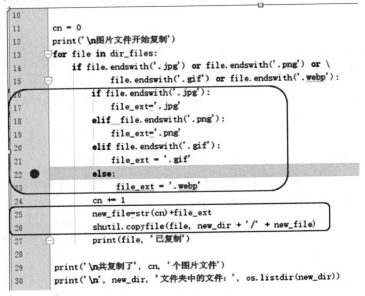

```
10
11    cn = 0
12    print('\n图片文件开始复制')
13    for file in dir_files:
14        if file.endswith('.jpg') or file.endswith('.png') or \
15            file.endswith('.gif') or file.endswith('.webp'):
16            if file.endswith('.jpg'):
17                file_ext='.jpg'
18            elif  file.endswith('.png'):
19                file_ext='.png'
20            elif file.endswith('.gif'):
21                file_ext = '.gif'
22            else:
23                file_ext = '.webp'
24            cn += 1
25            new_file=str(cn)+file_ext
26            shutil.copyfile(file, new_dir + '/' + new_file)
27            print(file, '已复制')
28
29    print('\n共复制了', cn, '个图片文件')
30    print('\n', new_dir, '文件夹中的文件: ', os.listdir(new_dir))
```

图 9.31   任务 3 的源代码(部分)

任务 3 的代码是在任务 2 的代码基础上增加和修改而成的,具体来说,有以下 3 处变化。

代码行 16—23:新增代码。这是在已判断文件为图片类型的前提下,为了得到文件的扩展名而进行的判断,针对不同的图片类型,将其扩展名存储到变量(file_ext)中。要特别注意的是,这里的 if 语句是嵌套的内层多分支结构。

代码行 25:新增代码。赋值语句,将图片的数字编号(cn)和扩展名拼接之后赋值给新文件名(new.file)。其中,str(cn)是将数字编号转换成字符串。

代码行 26:修改代码。在任务 1 中,shutil. copyfile(file, new_dir + '/'+ file)是将文件直接复制到新文件夹下,不改文件名(file)。在本任务中,目标文件名要变成 new_file,即以数字编号重命名图片文件。

任务 3 程序运行后的结果如图 9.32 所示。

9.2.7   任务 4——无障碍创建新文件夹

在 PyCharm 中将任务 3 程序文件"task1-2-3.py"复制一份,并重命名为"task1-2-4.py"。按下述任务目标和任务分析修改代码,完成任务 4。

任务目标:任务 3 已经基本解决了本案例所提出的问题,然而,在运行过程中,当输入的新建文件夹名与现存的文件夹名重复时,会产生冲突,程序就无法正常运行,如图9.33所示。在本任务中,希望计算机能自动判断输入的名称是否存在冲突,在不存在冲突的情况下,再创建该文件夹。

```
C:\Users\admin\PycharmProjects\untitled\venv\Scripts\python.exe C:/Users/admin/PycharmProjects/untitled/task1-2-3.py
当前文件夹下共有 20 个文件(夹): ['.idea', '00这是一个文件夹', '035ba976790606e5cb41361eb8a050a3a1dd5fea.jpg@412w_232h_1c_100q.jpg', '0v.txt', '1v.

请输入要新建的文件名: newpic2

图片文件开始复制
035ba976790606e5cb41361eb8a050a3a1dd5fea.jpg@412w_232h_1c_100q.jpg 已复制
43c336086288363dd45e1ea3ed76ae31e3af420c.jpg@412w_232h_1c_100q.jpg 已复制
8babb116d50cce24e0f596ba012b0bb54ca5d6ba.jpg@412w_232h_1c_100q.jpg 已复制
8c6ae933db6b7eb649e0e935fbdf82dfa7ea7eb3.jpg@412w_232h_1c_100q.jpg 已复制
8fb92b080b7bc34f21522a804c58dc598208569a.jpg@412w_232h_1c_100q.jpg 已复制
tmpw.png 已复制
tmpx.webp 已复制
tmpy.jpg 已复制
tmpz.gif 已复制

共复制了 9 个图片文件

newpic2 文件夹中的文件: ['1.jpg', '2.jpg', '3.jpg', '4.jpg', '5.jpg', '6.png', '7.webp', '8.jpg', '9.gif']

Process finished with exit code 0
```

图9.32　任务3程序运行结果

```
C:\Users\admin\PycharmProjects\untitled\venv\Scripts\python.exe C:/Users/admin/PycharmProjects/untitled/task1-2-3.py
当前文件夹下共有 22 个文件(夹): ['.idea', '00这是一个文件夹', '035ba976790606e5cb41361eb8a050a3a1dd5fea.jpg@412w_232h_1c_100q.jpg', '0v.txt', '1v.txt

请输入要新建的文件名: newpic
Traceback (most recent call last):
  File "C:/Users/admin/PycharmProjects/untitled/task1-2-3.py", line 9, in <module>
    os.mkdir(new_dir)
FileExistsError: [WinError 183] 当文件已存在时,无法创建该文件。: 'newpic'

Process finished with exit code 1
```

图9.33　程序运行出错

　　任务分析:对于从键盘输入的一个文件夹名,要看它是否与现存的文件夹名有冲突,就需要进行判断。但是,这种判断不是只做一次(或者具体的次数)就可以的,因为如果文件夹名有冲突,就需要再一次从键盘输入,并再一次进行判断,这种情况会一直持续,直到从键盘输入的文件夹名没有冲突。因此,这里需要一个无限循环,也就是说,在理论上不限判断次数。

　　代码解析:任务4的源代码(部分)如图9.34所示。

```
4
5   dir_files = os.listdir(os.getcwd())
6   print('当前文件夹下共有', len(dir_files), '个文件(夹): ', dir_files)
7
8   while True:
9       new_dir=input('\n请输入要新建的文件名: ')
10      if not os.path.exists(new_dir):
11          os.mkdir(new_dir)
12          print('文件夹', new_dir, '已新建, 等待图片')
13          break
14      else:
15          print('文件(夹)', new_dir, '已存在, 另换一个')
16
17  cn = 0
```

图9.34　任务4的源代码(部分)

任务 4 中的代码行 8—15 是对任务 3 中的代码行 8—9（图 9.35）的扩展。

```
8    new_dir=input('\n请输入要新建的文件名：')
9    os.mkdir(new_dir)
```

图 9.35　任务 3 中的两行代码：创建文件夹

代码行 8：新增代码，表示"无限循环"，理论上可以一直重复执行下去。

代码行 9：修改代码。这是任务 3 中的代码，但是，一定要增加缩进。变量 new_ dir 表示新文件夹名，通过 input 函数为其赋值，实现由用户从键盘自行输入所希望创建的文件夹名。

代码行 10—15：新增/修改代码。if-else 语句（双分支），判断文件夹名（new_dir）是否存在（os.path.exists）。

● 代码行 10—13：如果文件夹名不存在，就创建这个文件夹，并在屏幕上显示提示信息后，退出无限循环，也就是说，不再继续重复输入和判断。这里需要注意的是，代码行 11 也是任务 3 中的代码，但是，一定要增加缩进。

● 代码行 14—15：如果文件夹名已存在，则在屏幕上显示提示信息，这意味着要继续重复输入和判断。

任务 4 程序运行后的结果如图 9.36 所示。

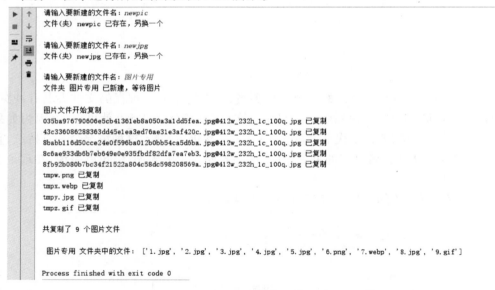

图 9.36　任务 4 程序运行结果

到这里，通过循序渐进的 4 个任务，很好地解决了"把所有网页素材文件中的图片文件复制到一个新文件夹中并统一改成方便记忆和查看的名字"这样一个实际问题。在此过程中，相信读者对 Python 3 中的基本语法规则、基本数据类型、库、函数、选择结构、循环结构等都有了进一步的了解。

习题

1.编写代码,将当前工作目录修改为"c:\",并验证,最后将当前工作目录恢复为原来的目录。

2.os.path 模块中的_____方法用来测试指定的路径是否为文件。

3.os 模块的_____方法用来返回包含指定文件夹中所有文件和子文件夹的列表。

参考文献

[1] 肖正兴,聂哲.人工智能应用基础[M].北京:高等教育出版社,2019.

[2] 李东方.Python 程序设计基础[M].北京:电子工业出版社,2017.

[3] 聂哲,肖正兴.人工智能技术导论[M].北京:中国铁道出版社,2019.

[4] 嵩天,礼欣,黄天羽.Python 语言程序设计基础[M].2 版.北京:高等教育出版社,2017.

[5] 黄锐军.Python 程序设计[M].北京:高等教育出版社,2018.

[6] 程显毅,任越美,孙丽丽.人工智能技术及应用[M].北京:机械工业出版社,2020.

[7] 胡国胜,吴新星,陈辉.Python 程序设计案例教程[M].北京:机械工业出版社,2018.

[8] 刘卫国.Python 语言程序设计[M].北京:电子工业出版社,2016.

[9] 文必龙,杨永.Python 语言程序设计基础[M].武汉:华中科技大学出版社,2019.

[10] 吴伶琳.Python 语言程序设计基础[M].大连:大连理工大学出版社,2019.